Homo urbanus

Elisabeth Oberzaucher

Homo urbanus

Ein evolutionsbiologischer
Blick in die Zukunft der Städte

Elisabeth Oberzaucher
Fakultät für Lebenswissenschaften
Universität Wien
Wien, Österreich

ISBN 978-3-662-53837-1   ISBN 978-3-662-53838-8 (eBook)
DOI 10.1007/978-3-662-53838-8

Die Deutsche Nationalbibliothek verzeichnet diese Publikation in der Deutschen Nationalbibliografie; detaillierte bibliografische Daten sind im Internet über http://dnb.d-nb.de abrufbar.

© Springer-Verlag GmbH Deutschland 2017
Das Werk einschließlich aller seiner Teile ist urheberrechtlich geschützt. Jede Verwertung, die nicht ausdrücklich vom Urheberrechtsgesetz zugelassen ist, bedarf der vorherigen Zustimmung des Verlags. Das gilt insbesondere für Vervielfältigungen, Bearbeitungen, Übersetzungen, Mikroverfilmungen und die Einspeicherung und Verarbeitung in elektronischen Systemen.
Die Wiedergabe von Gebrauchsnamen, Handelsnamen, Warenbezeichnungen usw. in diesem Werk berechtigt auch ohne besondere Kennzeichnung nicht zu der Annahme, dass solche Namen im Sinne der Warenzeichen- und Markenschutz-Gesetzgebung als frei zu betrachten wären und daher von jedermann benutzt werden dürften.
Der Verlag, die Autoren und die Herausgeber gehen davon aus, dass die Angaben und Informationen in diesem Werk zum Zeitpunkt der Veröffentlichung vollständig und korrekt sind. Weder der Verlag noch die Autoren oder die Herausgeber übernehmen, ausdrücklich oder implizit, Gewähr für den Inhalt des Werkes, etwaige Fehler oder Äußerungen. Der Verlag bleibt im Hinblick auf geografische Zuordnungen und Gebietsbezeichnungen in veröffentlichten Karten und Institutionsadressen neutral.

Planung: Frank Wigger
Lektorat: Bettina Saglio

Gedruckt auf säurefreiem und chlorfrei gebleichtem Papier

Springer ist Teil von Springer Nature
Die eingetragene Gesellschaft ist Springer-Verlag GmbH Deutschland
Die Anschrift der Gesellschaft ist: Heidelberger Platz 3, 14197 Berlin, Germany

Danksagung

Rückblickend erscheinen Dinge oft logisch und als Endpunkt einer geradlinigen Entwicklung, doch wie in der Evolutionsgeschichte hat diese Wahrnehmung wenig mit der eigentlichen Entstehungsgeschichte zu tun. So war auch mein Weg zu *Homo urbanus* nicht vorhersagbar. Zufällige Mutationen meiner Interessen und Fähigkeiten waren Selektionsbedingungen ausgesetzt, die eine Entwicklung in diese Richtung förderten. Aus heutiger Sicht würde ich meine frühkindlichen Ambitionen, einen Blumenladen zu öffnen, mit Phytophilie erklären, doch dieses Konzept war mir damals noch völlig fremd. Die Begeisterung für die Natur, die mir meine Mutter bereits in frühester Kindheit mitgab, legte den Grundstein für die Entscheidung, Biologie zu studieren, doch war dies keineswegs unvermeidlich. Als ich damals durch das Vorlesungsverzeichnis blätterte, hätte mein Leben noch eine ganz andere Richtung nehmen können. Dass ich ursprünglich mehr Interesse an der Botanik hatte, war nur ein kleiner Umweg, und dank Lehrenden wie Rupert Riedl, John Dittami und Karl Grammer war mir bald klar, dass die Verhaltensbiologie meine Heimat werden würde. Ein kurzer Ausflug in Hölldoblers Welt der Ameisen an der Universität Würzburg beseitigte letzte Zweifel daran, dass ich in *Homo sapiens* mein liebstes Forschungssubjekt gefunden hatte. Den Mut, den Traum vom Wissenschaftlerinnendasein zu verfolgen, verdanke ich nicht zuletzt Verena Winiwarter.

Neben den biologischen Systembedingungen ist die Interaktion mit der Umwelt ein zentraler Faktor, der zur Ausbildung von Eigenschaften notwendig ist. Horizontales Lernen ist unverzichtbar auf dem Weg durch das Studium – Gregor Fauma, Kira Kamelger, Beate Striebel und Andreas Machura waren diejenigen, von und mit denen ich damals am meisten lernte. Die Impulse aus den Vorlesungen nahmen wir mit, um sie in nie enden wollenden Diskussionen zu vertiefen, hier war Platz für echten Forschergeist.

Ohne Michaela Gazzari und Markus Bernhard wäre das Konzept der Vorlesung, die themengebend für dieses Buch ist, niemals so ausgefallen. Danke, Gregor, für den Schubs, den ich brauchte, um das seit Jahren geplante Projekt letztendlich in Angriff zu nehmen.

Wissenschaft ist nicht statisch, ist auch nichts, das vertikal von oben nach unten vermittelt wird. Danke an meine Kollegen und Kolleginnen, aber auch ganz besonders an meine Studentinnen und Studenten. Nur durch das ständige Testen der eigenen Theorien im Austausch mit anderen entwickeln sich Ideen in tragfähige Konzepte.

Jeder einzelne Einwand, jede Frage ist mir kostbar – so wird man niemals müde. Danke an Susanne Schmehl und Kathrin Masuch, die sich gemeinsam mit mir in das Abenteuer Urban Human gewagt haben – ein Forschungsinstitut, in dem wir uns ganz den Inhalten dieses Buches widmen.

Ein funktionierendes soziales Netzwerk ist für *Homo sapiens* die Grundvoraussetzung, um erfolgreich Ziele zu erreichen: Meine Eltern, die darauf vertrauen, dass ich schon weiß, was ich tue, auch wenn es gerade nicht danach aussieht; die Tanten mit ihrem immer währenden Optimismus; Freunde, die mir Mut geben, wenn das Leben mir saure Gurken serviert, und meine Freudenmomente multiplizieren; meine Schwester Sabine, die auch mit kritischem Rat nicht hintanhält und so nie aufgehört hat, auf die Kleine aufzupassen; und Bernhard, der mein Fels in der Brandung ist.

Danke – Ihr macht Dinge möglich, die unmöglich erscheinen!

Inhaltsverzeichnis

1	Die Stadt befreit und bereichert	1
2	Wozu Verhaltensbiologie?	11
3	Die Rahmenbedingungen	15
4	Wie die Evolution den Menschen erfand	25
5	Werkzeugkultur als Problemlösung	33
6	Wofür wir gebaut sind	37
7	Was wir an einer Landschaft mögen	43
8	Gute Aussichten	49

9	Die unendliche Faulheit des Gehirns	59
10	Eine Freude für unsere Sinne – Evolutionäre Ästhetik	65
11	Biophilie, oder wie Pflanzen Leben retten	69
12	Wasser – das Elixir des Lebens	83
13	Faszination der Gefahr	87
14	Gesichter immer und überall	91
15	Gemeinsam sind wir stark	101
16	Die Komplexität des Gruppenlebens	107
17	Mein Raum – meine Regeln	115
18	Die Suche nach Nähe und sicherer Distanz	129
19	Zeitlich begrenzte Territorialität	137
20	Urbane Streifgebiete	141
21	Meine Gegend – Nachbarschaften	153
22	Kniffe für den Umgang mit sozialer Komplexität	161

23	Wir passen aufeinander auf	165
24	Der Wiener Gemeindebau als Vorbild für den sozialen Wohnungsbau	175
25	Das Problem mit Dingen, die allen und niemandem gehören	187
26	Stadtleben bringt Stress	191
27	Die vielen Herausforderungen an die Stadtplanung	201
28	Die Verhaltensbiologie bietet Lösungen	209
29	Stadtplanerische und architektonische Erfolgsgeschichten	213
30	Von Smart Citys zu humanen Städten	223

Epilog: Urban Human – eine menschengerechte Zukunft   227

Literatur   233

Sachverzeichnis   251

1

Die Stadt befreit und bereichert

Homo urbanus ist Realität. Wenn wir betrachten, wie sich die Verstädterung im Laufe der Jahrhunderte entwickelt hat, liegt die Erwartung nahe, dass die Anzahl der Menschen, die in Städten leben, noch radikaler ansteigen wird als bisher. Im 19. Jahrhundert war das Stadtleben wenigen Menschen vorbehalten: Lediglich 5 % aller Menschen lebten in Städten. Auch waren die Städte damals noch relativ klein. Es waren hauptsächlich Orte, an denen sich Handel und Verwaltung konzentrierten. Im mittelalterlichen Ständestaat kam der Stadt eine besondere Rolle zu, da die Stadtbürger einen speziellen Rechtsstatus genossen, der unbeeinflusst von dem sonst gültigen wechselseitigen Abhängigkeitssystem war: „Stadtluft macht frei nach Jahr und Tag." Laut diesem Rechtsgrundsatz gingen Leibeigene vom Land, die ein Jahr und einen Tag in der Stadt verbracht hatten, vom Leibeigenen-Status in einen

Selbstrechts-Status über und die Dienstherren verloren den Anspruch auf sie. Demnach stand „Stadtluft macht frei" im Mittelalter für Freiheit vom Leibeigentum und bot somit für jeden Besitzlosen oder armen Bauern die Möglichkeit, die Stadt als ökonomischen Fluchtpunkt anzusteuern.

Die erste eigentliche Welle der Verstädterung wurde dann ausgelöst durch die industrielle Revolution, die Arbeitsmöglichkeiten für die Massen in der Stadt mit sich brachte. Die Anzahl der Stadtbewohner stieg dadurch rasch massiv an – sie betrug bald 30 % der Gesamtbevölkerung. Auch hier war die Motivation hinter der Landflucht das Versprechen ökonomischer Unabhängigkeit in der Stadt. Die schlechten Arbeits- und Lebensbedingungen, mit denen die Arbeiter und Arbeiterinnen dort konfrontiert waren, schlugen sich in erhöhter Kindersterblichkeit und einem historischen Tiefpunkt in der Lebenserwartung nieder. Trotz der widrigen Umstände zogen viele Menschen die Stadt dem Leben auf dem Land vor. Dieser Trend hält bis heute an: Menschen ziehen aus ökonomischen Gründen in die Stadt; besonders ausgeprägt ist diese Bewegung in ärmeren Ländern.

Städte waren und sind ein Ausweg aus der Armut, doch erst durch die industrielle Revolution wurde dieser Trend tatsächlich zu einem Massenphänomen. Vor allem in ärmeren Ländern hoffen Menschen, mit einem Umzug in die Stadt ihre ökonomische Situation zu verbessern. In den Millionenstädten von Schwellenländern, etwa in Südamerika, befinden sich meist ausgedehnte Slums, die den Landflüchtlingen gemeinhin als erstes Auffangbecken dienen. Die katastrophalen Lebensbedingungen, unter denen die Slumbewohner teils ihr Dasein fristen, lösen bei Menschen aus der Ersten Welt oft Unverständnis aus: Warum sollte man sich dafür entscheiden, vom Land in einen Slum zu ziehen? Doch für die anhaltende Landflucht sind nicht nur unrealistische Hoffnungen verantwortlich – das Leben in den Slums bietet trotz allem immer noch einen besseren Lebensstandard als das Leben auf dem Land.

In der Ersten Welt, in Industrienationen, beobachten wir eine entgegengesetzte Entwicklung: Wer es sich leisten kann, zieht von den Stadtzentren wieder nach draußen, in den grüneren Bereich, in den Speckgürtel rund um die Städte. Hier ist es möglich, ein Einfamilienhaus zu besitzen, einen eigenen Garten und dergleichen. Der Wunsch nach Naturnähe scheint universell zu sein, aber nicht alle Menschen verfügen über die erforderlichen Mittel, um ihn sich individuell zu erfüllen.

Verstädterung erfolgt in unterschiedlichen Phasen; ihnen liegen Prozesse zugrunde, die mehr oder weniger nacheinander, aber auch überlappend auftreten können. Die erste Phase ist geprägt durch die Entstehung und das Wachstum einer Siedlung, durch zunehmende Komplexität der sozialen Netze und erhöhte Produktivität. Diese Phase wird auch als **Urban Scaling** bezeichnet. Hier ist entscheidend, dass der Wohlstand schneller als die Bevölkerung wächst. In der nächsten Phase erfolgt eine Umverteilung von Bevölkerung und Beschäftigung zwischen Kernstadt und Umland, also eine **Suburbanisierung.** Die Beschäftigung konzentriert sich zunehmend auf die Kernstadt, während das Umland – die Vorstädte oder Suburbs – zum bevorzugten Wohnbereich wird. Verstärkt sich dieser Effekt, kommt es zur Entstädterung oder **Desurbanisierung.** Dieses Phänomen ist hauptsächlich in nordamerikanischen Städten zu beobachten und führt dazu, dass Downtown, die Innenstadt, verwaist. Die Beschäftigungsmöglichkeiten folgen der Bevölkerung an den Stadtrand, während im Zentrum Bevölkerungsdichte sowie wirtschaftliche Aktivität abnehmen. In der Phase der **Reurbanisierung** werden die Stadtkerne wieder belebt. Parallel zu diesen Phasen kann es zur Gründung von Trabanten- und Satellitenstädten kommen, was besonders bei schnell wachsenden Städten zu beobachten ist. Hier steigen die urbanen Immobilienpreise so rasch an, dass nur Satellitenstädte leistbaren Wohnraum bieten können.

Städte gliedern sich in unterschiedliche Bezirke oder Bereiche, die durch ihre individuelle Qualität, die Bevölkerungsstruktur und ihr Image gekennzeichnet sind. Diese Qualität kann sich im Laufe der Zeit verändern. Wenn bestimmte Gegenden an Attraktivität gewinnen und die Immobilienpreise steigen, wird statusniedrigere Bevölkerung durch statushöhere Bevölkerung ausgetauscht. Diese **Gentrifizierungsprozesse** sind Teil jeder Stadtentwicklung, und es ist eine Herausforderung für die Stadtverwaltung, mittels Stadtentwicklungsprogrammen eine Balance zwischen der Wertsteigerung und der Erhaltung von gewachsenen Gemeinschaften sicherzustellen. Dadurch soll insbesondere verhindert werden, dass eine immer stärker um sich greifende Gentrifizierung statusniedrigere Menschen in Satelliten- und Trabantenstädte abdrängt, da die daraus folgende räumliche Trennung das soziale Gefälle verstärken würde.

Je größer eine Stadt wird, desto mehr nimmt auch die Anonymität zu. Viele Menschen auf engem Raum können sich gar nicht mehr alle persönlich kennen. Das führt unweigerlich auch zu einem Anstieg der Kriminalität. Um dem entgegenzuwirken, entstehen in vielen Millionenstädten bewachte Wohnkomplexe, sogenannte **Gated Communities.** Diese haben sich im europäischen Raum glücklicherweise noch nicht eingebürgert und es ist zu hoffen, dass das auch so bleibt.

Auf jeden Fall hat das Stadtleben zur Folge, dass sich die Lebensweise auf den unterschiedlichsten Ebenen grundlegend verändert. Beispielsweise entwickelt sich **Multilokalität.** Multilokal sind etwa Städter, die neben ihrer Stadtwohnung ein Wochenendhäuschen draußen auf dem Land haben. Auf diese Weise vereinen sie das Beste von beiden Wohnorten – einerseits die Naturnähe des Wochenendhäuschens, andererseits aber auch die ökonomischen Möglichkeiten der Stadt. Diese **Transmigration** führt zu einer ausgeprägten Dynamik in der sozialen Zusammensetzung der Bevölkerung, und die erhöhte Mobilität wirkt der Entwicklung von nachbarschaftlichen Netzwerken entgegen. Auch **Singularisierung,** also die Zunahme an Einzelhaushalten, ist besonders im urbanen Raum einer der Gründe für Einsamkeit und Anonymität, da das Kernelement von Unterstützungsnetzwerken fehlt.

Überlegungen zur Ökonomie von Ballungszentren richten sich verstärkt auf die Kostenreduktion durch Konzentration auf engem Raum: Die Transportkosten für Güter werden reduziert, aber auch Menschen können effizienter und kostengünstiger reisen. Nicht zuletzt beschleunigen Städte den Innovationsfluss durch die Erleichterung von Gedankenaustausch. Während die Notwendigkeit, physische Güter zu transportieren, unverändert bleibt, reduzieren moderne Technologien mit der Möglichkeit, virtuell zu interagieren, den Bedarf nach menschlicher Mobilität. Ob dies die Tendenz zur gesteigerten Mobilität aufgrund von Globalisierungsprozessen aufzuwiegen vermag, wird die Entwicklung der individuellen Mobilität zeigen.

Derzeit leben circa 50 % aller Menschen in Städten. Laut Prognosen werden im Jahr 2050 etwa zwei Drittel der Menschen Stadtbewohner sein. Diese Entwicklung macht die Auseinandersetzung mit Fragen zum *Homo urbanus* zu einem zentralen Thema der Wissenschaft. Das Habitat Stadt ist zum bestimmenden und vorherrschenden Muster geworden. Allein die Anzahl der Menschen, die in diesem Habitat leben und damit umgehen können müssen, begründet die Notwendigkeit, sich eingehend mit den Bedürfnissen des *Homo urbanus* zu beschäftigen. Wie schafft man Städte, die für ihre Bewohner im wahrsten Sinne des Wortes lebenswert sind, die also neben den ökonomischen auch die sozialen, psychischen und physiologischen Bedürfnisse des Menschen berücksichtigen?

Städte sind evolutionär betrachtet eher eine junge Entwicklung. Die ersten Hinweise auf die Existenz von Städten datieren auf circa 3500 Jahren vor Christus, also vor circa 5500 Jahren, in Mesopotamien, im heutigen Irak. Dort führte eine Klimaveränderung zur Entstehung der Städte. Aufgrund zunehmender Trockenheit waren Ackerbau und Viehzucht nur mit Bewässerung möglich, und der sehr aufwendige Bau der Bewässerungsanlagen stellte eine Investition dar, die das Sesshaftwerden förderte. In der Folge entstanden im Zentrum dieser Agrargebiete Ballungsräume, die zu

1 Die Stadt befreit und bereichert

Knotenpunkten des Handels und des Nachrichtenaustausches wurden. Im Laufe der Zeit verdichtete sich die Bevölkerung weiter, und neue ökonomische Möglichkeiten taten sich auf.

Die Stadt Ur, die man als Urstadt bezeichnen könnte, war ein Stadtstaat, der circa 3000 Jahre vor Christus entstand, mit einer Fläche von circa 100 Hektar, und hatte mehrere zehntausend Einwohner. Neben den oben genannten Funktionen spielte für diese Niederlassung der Schutz vor Feinden eine wichtige Rolle. Ur war von einer Stadtmauer und einem Stadtgraben umgeben, im Aufbau einer mittelalterlichen Stadt ähnlich. Der Tempelbezirk, das Ziggurat, nahm beinahe ein Viertel der Stadtfläche ein, was auf die Bedeutung der Stadt als religiöses Zentrum hinweist.

Ur wies ein hoch komplexes soziales Gefüge auf: Die Spezialisierung der Arbeit war bereits weit fortgeschritten. Die unterschiedlichen Zünfte waren durch spezifische Hausformen gekennzeichnet, die sich in Zunftvierteln zusammenfanden. Die Verwaltung der Stadt wurde durch ein ausgeklügeltes Schriftsystem ermöglicht, das auch zur Steueradministration vonnöten war. Steuern wurden unter anderem in den Erhalt der städtischen Infrastruktur investiert, wie beispielsweise Kanäle, Wasserversorgung und Verteidigungsanlagen.

Ur zeigt also in Ansätzen die Entwicklung, die wir in heutigen Millionenstädten beobachten können. Diese Eigenschaften des urbanen Lebensraumes haben einen großen Einfluss auf unser Wohlbefinden, unser Verhalten und unsere Gesundheit. Historisch betrachtet existieren Städte demnach schon sehr lange, auf biologische Zeitdimensionen bezogen jedoch erst seit kürzester Zeit.

Wenn man wie ich in Wien lebt, dann muss man sich eigentlich fast mit den Themen „Stadt" und „Menschen der Stadt" auseinandersetzen. Wien findet sich seit einigen Jahren wiederholt an erster Stelle von Listen zur Lebensqualität in Großstädten. Unterschiedliche Institutionen erfassen die Lebensqualität in Metropolen weltweit. Obwohl die Ergebnisse leicht voneinander abweichen, schneidet Wien immer außerordentlich gut ab. Das wirft die Frage auf: Warum ist Wien anders? Was macht Wien so gut, um diesen Platz seit vielen Jahren für sich zu beanspruchen – vor allem angesichts der Tatsache, dass es derzeit die am stärksten wachsende Stadt im deutschsprachigen Raum ist? Im europäischen Vergleich liegt Wien bezogen auf das Wachstum an vierter Stelle hinter Brüssel, Stockholm und Madrid. Wien ist also eine Stadt, die äußerst wachstumsorientiert ist, es zugleich aber irgendwie zu schaffen scheint, die Lebensqualität hoch zu halten. Es gibt in Wien neue Stadtentwicklungsgebiete, wie die Gegend um den Nordbahnhof oder die Seestadt Aspern. Diese Gebiete sind spannende Experimente im echten Leben, die es erlauben zu analysieren, wie sich ein solch neues Stadtgebiet entwickelt, wie es wächst, wie soziale Beziehungen entstehen, die notwendig sind, um das Ganze auch funktionieren zu lassen. Man hat nur selten die Möglichkeit, ein derartiges reales Experiment zu begleiten und dadurch Einblicke in die Funktionsweisen des urbanen Miteinanders zu gewinnen.

Warum funktioniert diese Stadt so gut? Was können andere Städte von Wien lernen, um ihre Lebensqualität zu optimieren? Und natürlich sollten sich auch funktionierende Städte mit der Frage auseinandersetzen, was zu tun ist, damit es so bleibt. Jede Stadt ist ein sich ständig wandelnder Superorganismus. Gerade bei rasanten Veränderungen ist es besonders wichtig zu gewährleisten, dass das Zusammenspiel der Einheiten, aus denen dieser Superorganismus besteht, funktioniert. Doch wie lässt sich das erreichen – umso mehr, als Wachstum ja auch zur Entstehung von neuen Eigenschaften und Problemen führen kann?

Die fortschreitende Urbanisierung ist aufgrund der ökonomischen Zwänge unabwendbar. Die Herausforderungen des Stadtlebens verlangen nach neuen Lösungen.

2

Wozu Verhaltensbiologie?

Da Städte aus biologischer Sicht gerade erst auf der Bühne der Evolution erschienen sind, drängt sich natürlich die Frage auf, inwieweit die Biologie überhaupt einen Beitrag zu dieser Thematik liefern kann. Die Evolutionsgeschichte des Menschen ist in meinen Augen ein sehr guter Ratgeber, der uns helfen kann zu verstehen, in welchen Umwelten Menschen denn gerne leben möchten und wie Menschen mit Umwelten interagieren. Mein wissenschaftlicher Hintergrund ist ein biologischer.

Ich bin gelernte Zoologin (habe also das Diplomstudium in Zoologie abgeschlossen) und promovierte Anthropologin. Meine wissenschaftliche Heimat habe ich in der evolutionären Psychologie gefunden, allerdings mit einem ausgeprägten verhaltensbiologischen Kern. Meine theoretische Basis ist eine evolutionsbiologische. Ich betrachte das Verhalten des Menschen im Licht unserer Evolutionsgeschichte. Dieser historische oder prähistorische Ansatz bietet Erklärungen dafür, warum wir was tun.

Grundsätzlich beschreibt Wissenschaft Phänomene und quantifiziert sie. Durch die Beobachtung von Koinzidenzen gelingt es uns unter Umständen, kausale Zusammenhänge zu beschreiben und diese in einem größeren Kontext zu interpretieren. Eine der größten Herausforderungen für Wissenschaftler besteht darin, echte ursächliche Zusammenhänge von zufällig gleichzeitig auftretenden Ereignissen zu unterscheiden. Die Evolutionstheorie bietet einen wunderbaren Rahmen für diese Aufgabe. Die evolutionäre Psychologie oder die Verhaltensforschung am Menschen zeichnen sich dadurch aus, dass wir einen Schritt weitergehen können als so manche andere Wissenschaft, weil uns die Evolutionstheorie einen Blick in die Vergangenheit ermöglicht. Auf diese Weise bieten sich Erklärungen für die Beweggründe unseres Verhaltens, über eine Feststellung des Status quo – „es ist nun halt einmal so" – hinaus.

Diese Offenlegung der Wurzeln unseres Handelns liefert uns ein mächtiges Instrument, sofern wir willens sind, es sinnvoll einzusetzen. Ziehen wir die evolutionären Ursachen als Rechtfertigung für jegliches Verhalten heran, so lassen wir dieses Instrument ungenutzt. Ein biologischer Imperativ, der aus der Evolutionsgeschichte einen Verhaltenskodex ableitet, macht das Instrument nicht nur unwirksam, sondern verwandelt es in eine Geißel. Wer die Evolution zur Rechtfertigung nutzt, ruht sich auf seinen biologischen Wurzeln aus und verleugnet die sozialen und kulturellen Errungenschaften des Menschseins. Das ist etwas, das nur Journalisten und Agitatoren dient. Für mich ist es sehr wichtig, auch den nächsten Schritt zu gehen.

2 Wozu Verhaltensbiologie? 13

Die Wissenschaften vom Menschen besitzen das Potenzial, ihre Erkenntnisse in praktische Anwendungen umzuwandeln. Ein ursächliches Verständnis von Wahrnehmung, Kognition und Verhalten des Menschen kann uns dabei helfen, die Möglichkeiten und Einschränkungen des biologischen Wesens Mensch zu definieren. Diese Erkenntnisse können die Basis einer Bewertung sein, nach der sich die sozialen, kulturellen und ethischen Grundsätze unseres Handelns ausrichten lassen. Gibt es unverrückbare Gegebenheiten, also Verhaltenstendenzen, die wir schwer beeinflussen können, und wenn ja, welche? Und was sind andererseits jene Bereiche, die wir durchaus durch unser Bewusstsein lenken können? Antworten auf diese Fragen kann die Wissenschaft zumindest teilweise liefern.

Es ist die Aufgabe einer ethisch handelnden Gesellschaft, eines ethisch handelnden Menschen, das erlangte Wissen so einzusetzen, dass es der Menschheit dient. Da wir nicht nur biologische Organismen sind, sondern darüber hinaus auch soziale und kulturelle Wesen, sollten wir uns fragen, wie mit den Erkenntnissen umzugehen ist. Wie finden wir Lösungen, um eine Welt zu gestalten, die idealerweise unseren humanistischen und ethischen Ansprüchen genügt? In meinen Augen ist es unerlässlich, unsere biologischen Wurzeln zu verstehen und zu berücksichtigen, um den Weg zu einer humanistisch-ethisch idealen Welt erfolgreich zu gehen. Die Verhaltensbiologie mag Dinge zutage fördern, die uns nicht gefallen, die nicht unserem ethischen Grundverständnis entsprechen. Diese Schattenseiten der Evolution werden aber unser Dasein umso stärker prägen, je mehr wir davor die Augen verschließen. Nur wenn wir anerkennen, dass solche Phänomene existieren, nehmen wir das Steuer selbst in die Hand. Beziehen wir die Biologie in unsere Überlegungen mit ein, können die Maßnahmen, die wir auf einer soziokulturellen Ebene treffen, letztlich effektiver greifen.

Und so möchte ich mit meiner Wissenschaft und dem Teilen meiner Erkenntnisse dazu beitragen, die Welt ein wenig besser zu machen. Lassen Sie uns beginnen.

Die Verhaltensbiologie liefert Erklärungen für allgemeine Verhaltenstendenzen und ermöglicht dadurch gezielte Einflussnahme.

3

Die Rahmenbedingungen

Charles Darwin ist wohl der bekannteste Name, der im Zusammenhang mit der modernen Evolutionstheorie genannt wird. Dennoch war Darwin weder der Erste noch der Letzte, der die aktuell gültige Sichtweise zur Entstehung der Arten entscheidend beeinflusst hat. Die wohl berühmteste ihm zugeschriebene Formulierung ist ***„survival of the fittest"*** oder „das Überleben des Stärkeren". Dieser Zuweisung haften zwei grundlegende Fehler an: Zum einen war es nicht Charles Darwin, sondern vielmehr Alfred Russel Wallace, der dieses Schlagwort in Verbindung mit der Evolutionstheorie prägte. Zum anderen, und das ist sicher der Fehler mit den weitreichenderen Konsequenzen, lässt sich *„fittest"* auf zweierlei Arten ins Deutsche übersetzen: Es kann „am stärksten" oder „am passendsten" bedeuten. Wenn man sich mit den Überlegungen Darwins auseinandersetzt, wird klar, dass die zweite Bedeutung ihnen eher entspricht. Darwins Theorie besagt, dass sich Organismen an die jeweils herrschenden Umweltbedingungen möglichst gut anpassen. Und je besser ihnen das gelingt, desto eher werden sie überleben.

Die mit der Fehlübersetzung verbundenen Folgerungen führten letztlich zur Entwicklung des Sozialdarwinismus und dessen Ausbeutung für die Propaganda im Dritten Reich. Diese Denkrichtung entspricht sicher nicht dem ursprünglichen Gedanken Darwins und ist im Sinne der aktuell gültigen Evolutionstheorie völlig unhaltbar geworden.

Bei Charles Darwin steht also das individuelle Überleben im Mittelpunkt. Zur Weiterentwicklung der Evolutionstheorie haben zahlreiche Wissenschaftler durch die Integration von Metatheorien beigetragen. Laut Charles Darwin setzen sich Individuen in der Evolution durch, indem sie sich an die Umweltbedingungen anpassen. Dies wird als **natürliche Selektion** bezeichnet: Jene Individuen, die am besten auf die Umweltbedingungen passen, haben einen Überlebensvorteil. Daneben berücksichtigt man heute auch die sexuelle und die soziale Selektion. Artgenossen sind demzufolge ebenfalls Faktoren im Selektionsprozess – einerseits, weil die Integration in das Sozialsystem, der Aufbau von verlässlichen Unterstützersystemen entscheidend für das Überleben sein kann, und andererseits, weil nicht nur das eigene Überleben, sondern auch die erfolgreiche Fortpflanzung entscheidend ist, damit sich ein Organismus in der Evolutionsgeschichte etablieren kann.

Charles Darwin hat sich bereits intensiv mit dem Thema der **sexuellen Selektion** befasst und deren Abläufe und Mechanismen in seinen Abhandlungen detailliert beschrieben. Allerdings war ihm die Existenz sexueller

3 Die Rahmenbedingungen

Fortpflanzung grundsätzlich ein Rätsel. Sexuelle Fortpflanzung bedeutet Veränderung, und das war mit seiner Grundidee der Anpassung unvereinbar. Diesen Widerspruch konnte Darwin bis zu seinem Tod nicht auflösen. Seiner Theorie lag die Annahme zugrunde, dass Umweltbedingungen weitgehend konstant seien.

Durch die Einführung von veränderlichen Umwelten machte die Evolutionstheorie einen Quantensprung: Erst Leigh Van Valen und William D. Hamilton lieferten eine Erklärung dafür, warum sich die meisten Organismen sexuell fortpflanzen. Van Valen formalisierte die Überlegungen zur Evolution von Sexualität in der **Rote-Königin-Hypothese**. Diese heißt so in Anlehnung an *Alice hinter den Spiegeln,* den Nachfolgeband zu *Alice im Wunderland*. Die Rote-Königin-Hypothese lässt sich sehr schön mit einer Szene aus dem Roman veranschaulichen. Alice stellt die Frage, wie man denn Königin werden könne, und die Rote Königin antwortet, dazu müsse man ein Wettrennen gewinnen – wer als Erste die gegenüberliegende Seite des Schachbrettes erreiche, werde Königin. Alice lässt sich darauf ein und sie laufen los. Nach einer Weile – schon ganz außer Atem – schaut sich Alice um und stellt fest, dass sie sich immer noch an dem Ort befindet, an dem sie losgelaufen ist. Sie spricht die Rote Königin darauf an und fragt, warum sie nicht vorankomme – sie laufe doch schon so schnell, wie sie könne! Und die Rote Königin erwidert: „Ja, in diesem Land ist das so. Hier musst du so schnell laufen, wie du nur kannst, um nur nicht zurückzufallen oder auf der Stelle zu bleiben. Und um voranzukommen, musst du doppelt so schnell laufen, wie du kannst."

3 Die Rahmenbedingungen

Was hat diese Geschichte mit der Evolution zu tun – genauer, wie erklärt sie die Evolution der sexuellen Fortpflanzung? Sie ist ein wunderbares Gleichnis für die Herausforderung, die eine wandelbare Umwelt an uns vielzellige, langlebige Organismen stellt. Evolutionär wirksame Veränderungen können immer nur greifen, wenn es zur Fortpflanzung kommt. Bei jahrzehntelangen Generationenfolgen, kombiniert mit sehr guten Reparaturmechanismen, etablieren sich diese Veränderungen nur äußerst langsam und zeitverzögert. Im Gegensatz dazu können sich sehr kurzlebige Organismen wie Viren und Bakterien aufgrund ihrer schnellen Reproduktionsperioden und ihrer weniger gut funktionierenden Reparaturmechanismen viel schneller verändern. Diese Parasiten und Krankheitserreger sind wohl die wichtigste Ursache von Wandel in unseren Umweltbedingungen. Weil sich die Parasiten so schnell verändern, sind langlebige, vielzellige Organismen wie der Mensch gezwungen, sich immer wieder etwas Neues einfallen zu lassen, um ihnen etwas entgegensetzen zu können.

Diesen Wettlauf mit Krankheitserregern kennt man aus der Medizin. Die Notwendigkeit, laufend neue Antibiotika zu entwickeln, hat genau den Grund, dass Resistenzen relativ schnell entstehen, und die einzige Antwort ist, etwas zu finden, wogegen die Keime noch nicht immun sind. Ähnlich kann man sich die Funktionsweise unseres Immunsystems vorstellen. Das Immunsystem ist ein Instrument, mit dem wir uns gegen Krankheitserreger wehren. Wenn aber Viren und Bakterien lernen, was unser Immunsystem kann, können sie unser System austricksen und Hintertüren finden. Da Mutationen bei ihnen häufig und schnell stattfinden, dauert das in der Regel auch nicht lange. Wir hingegen haben die Chance zur Veränderung unseres Immunsystems immer nur dann, wenn wir uns fortpflanzen, und sind durch unsere langen Generationenabstände dazu verdammt, hinter den Erregern herzuhinken. Die Lösung, die die Biologie für dieses Dilemma gefunden hat, heißt sexuelle Fortpflanzung, denn diese vereint die genetische Information von zwei unterschiedlichen Individuen und durch diese Rekombination entsteht ein neuer Organismus mit vollkommen neuer Information, die die Viren und Bakterien noch nicht kennen. Sexuelle Fortpflanzung schafft also Variation, schafft Veränderung. Und dadurch gelingt es uns, in unserer Evolution, in unserer Veränderlichkeit gewissermaßen einen Turbo einzuschalten.

Neben der sexuellen Selektion spielt auch die **soziale Selektion** eine wichtige Rolle – und das insbesondere bei sozialen Spezies wie *Homo sapiens,* weil das Miteinander, das Etablieren von verlässlichen Kooperationsnetzwerken untrennbar mit erfolgreichem Überleben und erfolgreicher Reproduktion verknüpft ist. Wer sehr gut kooperieren kann, wird auch ein beliebter Sozialpartner sein. Eigenschaften, die es uns erlauben, gut und verlässlich mit anderen zu kooperieren, sind demzufolge von Vorteil. Darüber hinaus sind jedoch auch Mechanismen vonnöten, die verhindern, dass die Kooperationsbereitschaft ausgenutzt wird. Nur wenn beides, eine grundsätzliche Bereitschaft zu kooperieren und Kontrollmechanismen zur Einhaltung sozialer Regeln, vorhanden ist, kann sich Kooperation als evolutionär stabile Strategie etablieren. Der Biologe William D. Hamilton war federführend bei der Entwicklung der Theorie, dass das Konzept der Verwandtenselektion die Kooperation unter Verwandten erklärt. Mit diesem Konzept wandelt sich der Selektionsgedanke grundlegend, da die Selektionseinheit, die bei Darwin noch das Individuum ist, auf eine tiefere Ebene verlagert wird: Nun geht es um die Verbreitung von möglichst vielen Kopien der eigenen genetischen Information.

Man kann auf zweierlei Arten sicherstellen, dass Kopien der eigenen genetischen Information in der nächsten Generation vertreten sind: Zum einen kann man sich fortpflanzen und durch erfolgreiche Reproduktion dafür sorgen, dass möglichst viele Nachkommen in der nächsten Generation die eigenen Gene tragen. Zum anderen tragen aber nicht nur unsere direkten Nachkommen unsere Gene in sich – vielmehr teilen wir genetische Information mit all unseren biologischen Verwandten. Der Anteil an gemeinsamer Erbinformation ist umso höher, je näher zwei Individuen miteinander verwandt sind. Deshalb kann eine Verbreitung der eigenen Gene auch dadurch erfolgen, dass man Verwandte unterstützt und auf diese Weise deren erfolgreiche Fortpflanzung ermöglicht. Hamilton beschrieb die Verwandtenunterstützung mit der Formel $N/K>1/r$, wobei N für „Nutzen", K für „Kosten" und r für den Verwandtschaftsgrad steht. Das bedeutet: Je mehr genetische Information zwei Individuen teilen, desto höhere Kosten eines Aktes der Unterstützung sind rein biologisch gerechtfertigt. Die Verwandtenselektion erklärt also auf einer biologischen Ebene, warum es Altruismus gibt, zumindest unter Verwandten. Richard Dawkins machte diese Ideen mit dem Buch *Das egoistische Gen* populär.

Aber nicht nur Verwandte kommen in den Genuss unserer Unterstützung. Ein nicht zu vernachlässigender

Teil der Kooperation zwischen Menschen, aber auch im Tierreich erfolgt unter nicht verwandten Individuen. Kann die Biologie dafür eine Erklärung liefern? Lange Zeit blieb das ein Rätsel, doch mithilfe der Mathematik gelang es, auch das Unterstützen von Nichtverwandten als biologisch sinnvoll zu erklären. Der Soziobiologe Robert Trivers (1971) hat beschrieben, wie durch Gegengeschäfte, also reziproken Altruismus, der Altruismus aus der Gleichung entfernt wird: Wenn der Förderer einer Interaktion zugleich Nutznießer einer künftigen Interaktion mit demselben Partner ist, verhält sich genau genommen keiner wirklich altruistisch. Es handelt sich vielmehr um eine langfristig für beide Seiten profitable Verbindung.

Die Spieltheorie lieferte Lösungsansätze, wie sich Kooperation unter Nichtverwandten auch als evolutionär stabile Strategie darstellen lässt. John Maynard Smith brachte die Spieltheorie in den Diskurs zur Evolutionstheorie ein. Der Politikwissenschaftler Robert Axelrod lud zu Strategiewettbewerben in einem Szenario, das als Gefangenendilemma bezeichnet wird.

Das Gefangenendilemma modelliert die Situation zweier Gefangener, die beschuldigt werden, gemeinsam ein Verbrechen begangen zu haben. Beide haben unabhängig voneinander die Möglichkeit zu schweigen oder zu gestehen. Das Strafmaß für den Einzelnen hängt davon ab, wie sich die beiden Gefangenen insgesamt verhalten. Schweigen beide, fällt die Strafe niedrig aus, sagen beide aus, erhalten sie eine hohe Strafe. Sollte nur einer der Gefangenen gestehen, so geht dieser als Kronzeuge straffrei aus, während der andere die Höchststrafe bekommt. Das Dilemma besteht also darin zu entscheiden, ob man kooperieren (schweigen) oder den anderen verraten (gestehen) soll, wobei das Strafmaß nicht nur von der eigenen Entscheidung, sondern auch vom Verhalten des anderen Gefangenen abhängt.

Den von Robert Axelrod durchgeführten Strategiewettbewerb mit jeweils mehreren aufeinanderfolgenden Durchgängen des Gefangenendilemmas gewann Anatol Rapoport mit der sehr einfachen, aber effektiven Strategie des „Tit for Tat" oder „Wie du mir, so ich dir". Diese Strategie beginnt mit Kooperation und imitiert in den weiteren Spielzügen das, was der Gegenspieler im vorhergehenden Spielzug gemacht hat. Trifft ein TFT-Spieler auf einen bedingungslosen Kooperateur, wird sich eine langfristige Kooperation herausbilden, ebenso wenn TFT auf TFT trifft. Ist der Spielpartner ein Betrüger, lässt sich der Verlust auf die erste Spielrunde beschränken. Die Strategiewettbewerbe fanden auch in den darauffolgenden Jahren statt, doch TFT blieb unangetastet. Lediglich Spielarten von TFT konnten sich dem Erfolg von TFT annähern. Komplexere Strategien setzen ein hohes Maß an Absprache zwischen den Spielern voraus und scheinen deshalb als evolutionär stabile Strategien unwahrscheinlich.

Ein ganz wichtiger Faktor im sozialen Miteinander ist die Kommunikation. Über Kommunikation werden Sozialbeziehungen geregelt sowie soziale Interaktionen geplant und reguliert. Laut dem Zoologen und Verhaltensforscher John Krebs ist Kommunikation im Laufe der Evolution primär entstanden, um als soziales Instrument Artgenossen dazu zu bewegen, ihr Verhalten so auszurichten, dass die eigenen Ziele gefördert werden. Man könnte also sagen, dass Kommunikation die Manipulation anderer erst ermöglicht. Allerdings kann sich in der Koevolution von

Sender und Empfänger nur jene Kommunikation etablieren, die langfristig für beide Parteien nutzbringend ist. Ein reines Ausnutzen von Sozialpartnern führt zur Entwicklung von Gegenstrategien und wird somit ineffektiv (Abb. 3.1).

Soziale Regeln sind die Voraussetzung für funktionierende Gruppen. Je größer soziale Einheiten werden, desto komplexer werden die Zusammenhänge und desto höher sind die Anforderungen an die Regeln. Ein komplexes Zusammenspiel aus informellen und formellen Regeln führt dazu, dass das Leben in Gruppen für das Individuum von Vorteil ist. Man spricht in diesem Zusammenhang auch von einer evolutionären Ethik, also einem Grundverständnis von Fairness und ethischem Verhalten, das uns nicht erst durch Sozialisation beigebracht werden

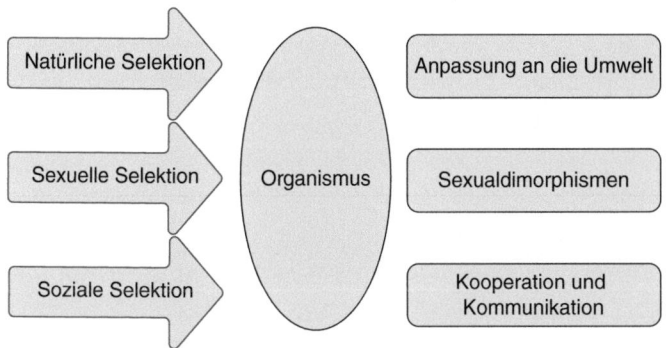

Abb. 3.1 In der Evolution spielen unterschiedliche Formen der Selektion zusammen: **Natürliche Selektion** fördert die Anpassung an die Umweltbedingungen, **sexuelle Selektion** fördert die Ausbildung von Sexualdimorphismen (Geschlechterunterschieden) und attraktiven Merkmalen, und **soziale Selektion** fördert Eigenschaften, die im sozialen Miteinander dienlich sind, wie Kooperation und Kommunikation

muss, sondern Teil unseres evolutionären Menschseins ist. Da sich die evolutionäre Ethik in unserer **Umgebung der evolutionären Angepasstheit** – deren Eigenschaften im Folgenden noch ausführlich behandelt werden – entwickelt hat, kann sie nicht allen Ansprüchen des Lebens in modernen Sozialsystemen genügen. Hier muss uns die Sozialisation helfen.

Durch das Zusammenspiel evolutionärer Prozesse werden Organismen verändert. Auf der Grundlage der Darwin'schen Evolutionstheorie erklären Metatheorien unterschiedliche Aspekte des Verhaltens.

4

Wie die Evolution den Menschen erfand

Die Evolutionsgeschichte von *Homo sapiens* wurde stark geprägt durch die Lebensumwelt der Savannenlandschaft Ostafrikas. Wir gehen davon aus, dass ursprünglich der Regenwald das Habitat unserer Vorfahren war. Natürlich ist die Beweislage, was unsere Evolutionsgeschichte betrifft, recht rudimentär. Wir berufen uns da auf Fossilienfunde. Und unbestreitbar werden diese Fossilienfunde rarer und lückenhafter, je weiter wir in der Geschichte zurückgehen. Das bedeutet auch, dass der Fund eines neuen wichtigen Fossils die Überarbeitung der Stammbäume erfordert. Da jedes entdeckte Fossil zu einem besseren Verständnis der Evolutionsgeschichte beiträgt, werden allerdings massive Reorganisationen unserer Abstammungsgeschichte immer seltener.

Die Menschwerdung ist ebenso wenig wie die generelle Entstehung der Arten eine geradlinige Geschichte. Es gab viele Sackgassen, in die hinein sich Verwandte unserer Vorfahren entwickelt haben, und jene Entwicklungslinien starben aus. Eine Aufspaltung in unterschiedliche Entwicklungslinien entsteht dadurch, dass es auf ein bestimmtes Problem unterschiedliche Antworten gibt. Diese unter gewissen Bedingungen gleichermaßen erfolgreichen Strategien funktionieren nicht mehr gleich gut, wenn sich die Umweltbedingungen und somit die Anforderungen an die Organismen ändern. Dann kann es dazu kommen, dass die eine Entwicklungslinie weiter bestehen bleibt, während die andere sich nicht mehr halten kann.

Zudem sind es immer Veränderungen der Lebensbedingungen, die dazu führen, dass neue Eigenschaften einen Selektionsvorteil bedeuten und sich so etablieren können. Somit könnte man sagen, dass wir unsere Existenz der Unvorhersagbarkeit unserer Umweltbedingungen schulden. Über lange Zeit haben sich die Protohominiden im Regenwald gehalten, doch im Miozän geschah etwas, das die Zukunft der Menschheit für immer verändern sollte: Durch das Einsetzen einer Eiszeit veränderten sich die Lebensbedingungen im Regenwald und führten zu Selektionsdrücken, die die Hominiden zu massiven Änderungen zwangen. Während einer Eiszeit werden Wassermassen in Form von Eis an den Polkappen gebunden, die in der Folge im äquatorialen Bereich fehlen. Das hat zur Konsequenz, dass die Regenwälder zurückgehen und Baum- und Buschsavannen weichen. Die Wüstenregionen breiten sich aus.

Für Regenwaldbewohner, einschließlich unserer Vorfahren, wurde es demzufolge eng. Das Schwinden des Waldhabitats führte zu einer Verknappung der Ressourcen und

4 Wie die Evolution den Menschen erfand

zu entsprechend stärkerer Konkurrenz unter den Waldbewohnern. In derlei Konkurrenzsituationen gibt es zwei Möglichkeiten zu überleben: Entweder stellt man sich den Rivalen und versucht sie zu verdrängen oder man begibt sich auf die Suche nach einer neuen Heimat. Letzteres haben unsere Vorfahren getan und als neuen Lebensraum die Baum- und Buschsavanne erobert. Das Leben in der Savanne erfordert ganz andere Anpassungen und Fähigkeiten als der Regenwald. Deshalb waren bei unseren Vorfahren massive Veränderungen vonnöten, um ihr erfolgreiches Überleben in der Savanne zu sichern.

Die Savanne unterscheidet sich maßgeblich vom Regenwald. Die verschiedenen klimatischen Bedingungen bringen grundlegend unterschiedliche Vegetationsstrukturen hervor, die sich auch auf die Fauna auswirken. Im Regenwald ist die Vegetation sehr dicht und ermöglicht kaum freie Sicht über wenige Meter hinaus – in der Savanne reicht der Blick durch die offenere Vegetation oft bis zum Horizont. Nach einer These zur Evolution des aufrechten Ganges haben sich unsere Vorfahren von der Quadrupedie (Vierbeinigkeit), die insbesondere an das Leben und Fortbewegen auf Bäumen angepasst war, zur **Bipedie** (Zweibeinigkeit) entwickelt, weil ihnen die aufrechte Körperhaltung im Grasland ermöglichte, die Umgebung – vor allem durch weitere Sicht – besser wahrzunehmen.

Ein anderer Effekt der Bipedie ist, dass die vorderen Extremitäten frei werden und sich auf diese Weise für den Transport von Ressourcen und den Gebrauch von Werkzeugen einsetzen lassen – die sogenannte **Werkzeughypothese** führt die Evolution der Zweibeinigkeit auf diesen Effekt zurück.

Die Anthropologin Dean Falk bezieht sich in ihrer Theorie zur Bipedie auf die veränderte Sonnenexposition, die das Leben in der Savanne mit sich bringt. Der Habitatswechsel vom Dauerschatten des Regenwaldes ins offene Grasland bringt völlig neue Herausforderungen für die Regulation der Körpertemperatur mit sich. Mit dem eigenen Verhalten kann man die physiologischen Kühlmechanismen unterstützen: Je größer die Körperoberfläche ist, die der direkten Sonneneinstrahlung ausgesetzt ist, desto mehr Hitze wird aufgenommen. Bei der Fortbewegung auf vier Beinen wird der gesamte Rücken von der Sonne beschienen. Ein Aufrichten auf die Hinterextremitäten schränkt diesen exponierten Bereich auf den Kopf und die Schultern ein und reduziert somit die aufgenommene Sonnenwärme signifikant. Dean Falks Kühlertheorie zufolge war die Bipedie gemeinsam mit weiteren physiologischen und anatomischen Optimierungen des Körperkühlsystems ausschlaggebend dafür, dass sich unsere Vorfahren erfolgreich in der Savanne etablieren konnten – zum einen wurde kostbare Energie eingespart, und zum anderen sank das Risiko einer Überhitzung. Beides war von zentraler Bedeutung für das Gehirnwachstum: Das Gehirn ist sowohl in der Entwicklung als auch im Betrieb ein energiehungriges Organ, und nur die Erhöhung der Energieeffizienz hat es erlaubt, dieses Organ so massiv zu vergrößern. Außerdem ist das Gehirn dasjenige Organ, das am temperaturempfindlichsten ist, also durch Überhitzung massiv geschädigt werden kann. Deshalb hat sich wohl auch die Kopfbehaarung als natürlicher Sonnenhut erhalten, während die Körperbehaarung zur Optimierung der Kühlung durch Verdunstung von Schweiß sowie durch

Konvektion reduziert wurde. Demnach hat der aufrechte Gang letztlich den Weg zur Evolution der Intelligenz von *Homo sapiens* geebnet.

Ein weiterer signifikanter Unterschied zwischen Regenwald und Savanne ist die Taktung des Klimas. Im Regenwald finden wir ein Tageszeitenklima, das dadurch gekennzeichnet ist, dass es täglich regnet und sich das Klima im Jahresverlauf nicht ändert. Temperaturen und Feuchtigkeit bleiben über das Jahr hinweg konstant, und die Sonnenposition schwankt nur wenig um den Zenit. In der Savanne hingegen verändern sich die klimatischen Bedingungen im Jahrestakt. Die Jahreszeiten unterscheiden sich zwar wenig in den Temperaturen, sehr wohl jedoch in der Feuchtigkeit. Die Periodizität von Regen- und Trockenzeiten wirkt sich auf die Verfügbarkeit von Wasser, aber auch auf die Vegetation und die von beidem abhängige Fauna aus. Das Vorhandensein von Jahreszeiten erfordert eine nomadische Lebensweise, bei der Niederlassungen nur für wenige Wochen behalten werden, bevor man den Ressourcen folgend weiterzieht. In einem Jahreszeitenklima kann die Fähigkeit, sich von einer Trockenzeit bis zur nächsten die Position von Wasserlöchern zu merken, für den Erfolg einer Gruppe entscheidend sein. Wasser stellt anders als im Regenwald die limitierende Ressource dar, also jene, die überlebensnotwendig ist und von der alle weiteren Faktoren abhängen.

Der sogenannte Raubfeinddruck ist in der Savanne viel ausgeprägter als im Regenwald. Um diesen großen Jägern etwas entgegensetzen zu können, schließen sich Tiere zu größeren Gruppen und Herden zusammen. Das **Gruppenleben** mindert die von Raubfeinden ausgehende

Gefahr durch den Verdünnungseffekt sowie durch geteilte Wachsamkeit und gemeinsames Verteidigen der Gruppe. Mit Verdünnungseffekt ist gemeint, dass in der Regel nur wenige Gruppenmitglieder tatsächlich einem Räuber zum Opfer fallen und in der Zwischenzeit die anderen die Flucht ergreifen können. Geteilte Wachsamkeit wird durch abwechselndes Sichern erreicht und führt kombiniert mit aktiven Warnsignalen – wie wir sie von verschiedenen Primatenarten kennen – oder mit passivem Warnen durch die Fluchtreaktion – wie von heimischen Wildarten bekannt – zu einer besseren Früherkennung von Gefahren. Die Herausforderungen des Gruppenlebens sind vor allem sozialer und kognitiver Natur. Sozialbeziehungen werden in Gruppen sehr schnell sehr komplex – sie entwickeln sich nicht linear, sondern exponentiell mit der Gruppengröße. Deshalb vermutet man, dass die Notwendigkeit, in der Savanne in größeren Gruppen zu leben, einer der Hauptmotoren für die Evolution der Intelligenz war.

Auch die Nahrungsressourcen sind in der Savanne völlig andere als im Regenwald. Während dort hochenergetische Früchte und Nüsse vorherrschen, die allerdings schwer erreichbar in schwindelnden Höhen wachsen, sind die zentralen Nahrungsressourcen in der Savanne Wurzeln und Knollen sowie große Herdentiere. Die pflanzliche Nahrung in der Savanne ist zwar nicht so reichhaltig wie im Regenwald, dafür aber viel besser erreichbar. Das Zerkleinern und Aufschließen dieser harten Wurzeln und Knollen erfordert jedoch einen großen mechanischen Aufwand, bei dem der Kauapparat oder aber geeignete Werkzeuge zum Einsatz kommen.

4 Wie die Evolution den Menschen erfand

Eben diese zwei Möglichkeiten haben frühe Hominiden unterschiedliche Entwicklungspfade beschreiten lassen: Es kam zur Aufspaltung in die Gattungen *Australopithecus* und *Paranthropus*. Die Gattung *Paranthropus* zeichnet sich durch einen massiven Kauapparat aus. Massige Kiefer wurden durch kräftige Kaumuskulatur bewegt, die an einem Knochenkamm am Scheitel ansetzte. Diese Kiefer waren perfekt auf die faserige, harte pflanzliche Nahrung angepasst, die in der Savanne zu finden ist. Die Vertreter der Gattung *Australopithecus* hingegen ernährten sich omnivor, waren also Allesfresser. Beide Gattungen blieben über sehr lange Zeit erfolgreich und existierten nebeneinander. Beide setzten Werkzeuge zum Ausgraben von Pflanzenknollen ein. Aus dem Zweig der Australopithecinen entwickelte sich die auf lange Sicht am erfolgreichsten Gattung Homo, der durch die Entwicklung einer Werkzeugkultur ein erster Schritt in die Unabhängigkeit von den Umweltbedingungen gelang.

Ein Klimawandel im späten Miozän hatte zahlreiche Innovationen zur Folge, die letztlich zur Evolution des modernen Menschen führten.

5

Werkzeugkultur als Problemlösung

Ein besonders bedeutsamer Vorfahre in unserem Stammbaum ist **Homo erectus,** also der aufrechte Mensch. Als *Homo erectus* erstmalig beschrieben wurde, galt er als der früheste Hominide, der sich auf zwei Beinen fortbewegte, doch später fand man, dass bereits frühere Hominiden den aufrechten Gang beherrschten. Die Fußspuren von Laetoli belegen, dass der aufrechte Gang vor über 3,5 Mio. Jahren entstand und schon bei den Australopithecinen ausgebildet war. *Homo erectus* ist aus folgenden Gründen für uns besonders bedeutsam: Die anatomischen Veränderungen gegenüber seinem Vorgänger *Homo habilis* sind stark ausgeprägt, beispielsweise ist das Gehirnvolumen nahezu verdoppelt; *Homo erectus* hielt sich als erfolgreiches Modell über einen sehr langen Zeitraum der Menschheitsgeschichte, und seine fossile Dokumentation erstreckt sich über 2 Mio. Jahre; nicht zuletzt war *Homo erectus* wohl der

Erste unserer Vorfahren, der die gesamte Welt eroberte. Ausgehend von der Savanne Ostafrikas, wo wir die Entstehung von *Homo erectus* vermuten, hat sich diese Spezies bis ins heutige Europa, Asien und Amerika ausgebreitet. Die Bedingungen, unter denen *Homo erectus* entstand, sind demnach wohl von besonderer Bedeutung für die weitere Menschheitsgeschichte.

Durch die Entwicklung von komplexeren Werkzeugen gelang es der Gattung Homo, die harten Nahrungsressourcen aufzuschließen. Dieser regelmäßige Werkzeuggebrauch führte jedoch zu noch weiteren Anwendungen, die nach und nach den Umgang mit der Umwelt revolutionierten. So ließ sich das Fehlen von Reißzähnen kompensieren, und mit scharfen Steinkanten konnte man tierische Nahrung besser aufschließen. Diese effizientere Nahrungsausbeute war eine wichtige Voraussetzung für die Zunahme des Gehirnvolumens bei der Gattung Homo. Das Gehirn hat einen äußerst hohen Energiebedarf und erfordert daher eine konstante Zufuhr an energiereicher Nahrung. Das zweite Organsystem, das sehr viel Energie benötigt, ist der Darm. Die omnivore Ernährung erlaubte es, den Darm zu verkürzen und somit den Energieverlust durch das Verdauungssystem zu reduzieren.

Vor circa 2 Mio. Jahren tauchte also *Homo erectus* auf, der neben Werkzeugen eine weitere kulturelle Innovation einführte: das **Feuer.** Feuer war nicht nur ein effektives Instrument, um Raubtiere fernzuhalten, sondern wurde auch zur **Nahrungszubereitung** genutzt. Letzteres war nach der Erfindung von Werkzeugen die wichtigste innovative Leistung der Gattung Homo, da das Kochen den physiologischen Energiegehalt der Nahrung, also die nach der Verdauung für den Körper verwertbaren Nährstoffe, signifikant erhöht.

Der Primatologe Richard Wrangham vermutet in der Zähmung des Feuers die wichtigste Voraussetzung für die Evolution der menschlichen Intelligenz. Seine Experimente haben gezeigt, dass die Nettoenergieausbeute sowohl aus pflanzlicher als auch aus tierischer Nahrung durch mechanisches Zerkleinern leicht gesteigert werden kann; durch Erhitzen kommt es jedoch zu einer massiven Zunahme dieser nutzbaren Energie. Und diese neu gewonnene Energiequelle diente *Homo erectus* auch dazu, das Gehirn wachsen zu lassen: Von circa 750 cm^3 bei *Homo habilis* stieg das Gehirnvolumen bei *Homo erectus* auf 1225 cm^3 an. Wenngleich Intelligenz nicht linear mit dem Gehirnvolumen zusammenhängt, war diese sprunghafte Zunahme eine wichtige Voraussetzung für die Intelligenzleistungen, die mit zum Erfolg von *Homo erectus* beigetragen haben.

Man nimmt an, dass die Kommunikation spätestens seit **Homo habilis** mittels einer komplexeren **Sprache** erfolgte, die über die Lautäußerungen anderer Primaten hinausging. Auf Abdrücken von Schädelinnenseiten fand man bereits bei *Homo habilis* Ansätze der beiden Sprachzentren, des Broca- und des Wernicke-Zentrums. Die Existenz von Sprache war ein wichtiges Instrument für die Koordination der relativ großen Gruppen mit circa 120 Mitgliedern.

Homo erectus zeichnet sich durch hohe Mobilität aus – in einer nomadischen Lebensweise wurden Niederlassungen nur für wenige Tage bis Wochen beibehalten, bevor die Gruppe, den Ressourcen folgend, weiterzog. Der ursprüngliche

Lebensraum war für die meisten menschlichen Vorfahren die Savannenlandschaft Ostafrikas, die also wiederholt die Wiege der Menschheit war. Von dort breiteten sich die verschiedenen Vertreter auf unterschiedliche Weisen aus. Das Savannenleben brachte viele neue Herausforderungen mit sich, die zur Entwicklung neuer Fähigkeiten führten. Zudem war die Savanne über eine lange Zeitspanne der ursprüngliche Lebensraum unserer Vorfahren. Diese zentrale Rolle in der Evolutionsgeschichte des Menschen macht die Savanne zum „environment of evolutionary adaptedness (EEA)", zur **„Umgebung der evolutionären Angepasstheit".**

Die Umgebung der evolutionären Angepasstheit (environment of evolutionary adaptedness) stellt jene Lebensbedingungen dar, an die die Menschen biologisch angepasst sind.

6

Wofür wir gebaut sind

Die Umgebung der evolutionären Angepasstheit beschreibt also jene Rahmenbedingungen, auf die unser biologisches System zugeschnitten ist. Weil diese Umgebung unsere Evolutionsgeschichte dominiert hat, wurde das biologische System Mensch für den Umgang mit den Herausforderungen dieser Lebensumwelt optimiert. Zugleich aber ist es der Gattung *Homo* gelungen, durch die Entwicklung kultureller Fähigkeiten diese Anpassung nicht über eine starre Spezialisierung zu erreichen, sondern über die Flexibilität, die unsere Intelligenz und der Einsatz von Werkzeugen ermöglicht haben. Unsere biologische Evolution, die über eine Optimierung der Energieeffizienz und anatomische Veränderungen Meilensteine für das Erreichen der Kulturfähigkeit gelegt hat, bildet somit die Grundlage für die **kulturelle Evolution,** die es dem Menschen erlaubt hat, sich als Habitatsgeneralist über die gesamte Erde auszubreiten.

Doch trotz all dieser Flexibilität hat sich die Umgebung der evolutionären Angepasstheit in unseren physischen, kognitiven und sozialen Eigenschaften niedergeschlagen. Auch wenn wir über ein sehr breit gefächertes Verhaltensrepertoire verfügen, gibt es doch manche Verhaltensweisen, die uns besonders leichtfallen. Die Rahmenbedingungen sind geprägt durch das Leben in der Savanne. In relativ kleinen Gruppen mit 100 bis 150 Mitgliedern lebten unsere Vorfahren als territoriale Jäger und Sammler. Wir gehen von einer Rollenverteilung beim Nahrungserwerb aus – Männer betätigten sich als Jäger und Frauen als Sammlerinnen. Die Grundversorgung in Jäger- und Sammlergesellschaften erfolgte überwiegend durch gesammelte pflanzliche Nahrung, die durch unregelmäßig verfügbare Jagdbeute ergänzt wurde. Soziale Kerneinheit war die Familie, innerhalb derer die einzelnen Mitglieder unterschiedliche Rollen einnahmen und sich so gegenseitig unterstützten. Die Gruppen entstanden durch Zusammenschluss mehrerer Familien und wiesen einen starken sozialen Zusammenhalt auf.

Die Mitglieder einer Gruppe sind nicht alle lebenslang an ihre Geburtsgruppe gebunden; vielmehr findet Exogamie statt, also die Heirat nach außen. Der Austausch von Reproduktionspartnern mit anderen Gruppen gewährleistet die Vermeidung von Inzest, vor allem wenn dieser Austausch ein Geschlecht betrifft, das abwandert. Wir nehmen an, dass bei den menschlichen Vorfahren die weiblichen Mitglieder ihre Geburtsgruppe bei Erreichen der Geschlechtsreife verließen und sich in eine neue

Gruppe integrieren mussten. Dies hatte weitreichende Konsequenzen für das soziale Miteinander, da die Sozialstruktur auch durch die Verwandtschaftsverhältnisse bestimmt wird.

Die physischen Eigenschaften der Umgebung der evolutionären Angepasstheit entsprechen weitestgehend den physischen Eigenschaften der Savanne. Dies beschreibt der Soziobiologe Gordon Orians in der **Savannenhypothese.** Das offene Grasland mit vereinzelten Bäumen und Baumgruppen sowie Wasserstellen, deren Ergiebigkeit in den Regen- und Trockenperioden stark variiert, ist die Bühne, auf der die Evolution der Gattung *Homo* stattgefunden hat.

Die Savanne weist konstante und variable Merkmale auf. Zu den konstanten Merkmalen gehört zunächst ihr grundsätzlich hohes Ressourcenpotenzial; die Ressourcen sind gut erreichbar, da sie sich in einer Höhe von maximal 2 m befinden. Das unterscheidet die Savanne stark vom Regenwald, wo die besten Ressourcen oft in einer Höhe von 30 m wachsen. Dass der Unterbewuchs in der Savanne relativ niedrig ist und nur vereinzelt höhere Pflanzen vorkommen, bietet eine weite Fernsicht und damit einen guten Überblick, was die Überwachung der Umgebung begünstigt. Als halb offener Raum ist die Savanne nicht vollkommen flach, sondern erleichtert durch Reliefunterschiede die Orientierung. Sie zeichnet sich durch einen mittleren Grad an Komplexität aus, was wir bei Landschaften als besonders attraktiv empfinden. Unter den Pflanzen spielen die Schirmakazien eine besondere Rolle – zum einen als Fluchtbäume, die unseren Vorfahren Sicherheit vor bodengebundenen Jägern boten, zum anderen als Sonnenschutz. Die Wasserstellen sind semikonstante Merkmale; sie weisen zwar saisonale Schwankungen auf, folgen in der Regel aber bestimmten zyklischen Veränderungen und sind dadurch vorhersagbar.

Neben diesen konstanten Merkmalen ist die Savanne auch durch variable Merkmale gekennzeichnet. Das Wetter und die Lichtbedingungen wechseln im Tages- und Jahreszeitenrhythmus und beeinflussen so die Handlungsmöglichkeiten. Der Zustand von Pflanzen liefert wichtige Informationen über die Qualität des Habitats. So signalisiert die Beschaffenheit der Schirmakazien, ob Mängel der Bodenqualität, unzureichende Wasserversorgung oder Parasitenbelastung das Wachstum gestört haben. Die Tiere im Savannenhabitat sind von außerordentlicher Bedeutung: Sie dienen als kostbare Nahrungsressource, können aber auch Raubfeinde sein.

All diese Eigenschaften des Savannenhabitats haben nach der Savannenhypothese Spuren in der Gattung *Homo* hinterlassen (Abb. 6.1).

Neben körperlichen Strukturen wie der Bipedie oder der veränderten Anatomie unserer Hand, die sich entwickelt haben, um die Herausforderungen des Savannenhabitats als Umwelt der evolutionären Angepasstheit zu meistern, stellen auch bestimmte Eigenschaften unserer Wahrnehmung, unserer Kognition und unseres Verhaltens Antworten auf die Selektionsbedingungen dar, unter denen die Menschwerdung stattfand. Im Laufe unserer Evolutionsgeschichte haben wir bestimmte Dinge gelernt, die unser Überleben sicherten, und diese Überlebensrelevanz führte zu einer tiefen Verankerung jener Eigenschaften.

6 Wofür wir gebaut sind 41

Abb. 6.1 Die typischen Eigenschaften der Savanne machen Landschaften attraktiv. Ob auf einer hochalpinen Alm (**a**), in einer hügeligen Weinregion (**b**) oder in Parklandschaften (**c**) dienen diese Eigenschaften der Erhöhung des ästhetischen Werts der Landschaft

6 Wofür wir gebaut sind

Da diese Anpassungen in der Umgebung der evolutionären Angepasstheit erfolgten, die sich von unseren heutigen Lebensbedingungen wesentlich unterscheidet, sind sie heute nicht mehr zwangsläufig „passgerecht". Vor allem ein urbanes Umfeld, also das Großstadtleben, unterscheidet sich grundlegend vom Jäger- und Sammlerdasein unserer menschlichen Vorfahren. Daraus folgen Anpassungsfehler, **Inkongruenzen,** die teilweise unser Leben signifikant verkomplizieren. Während wir dank unserer kulturellen Innovationen in nahezu jedem Habitat überleben können, wirken sich Lebensbedingungen, die sich zu stark von unserer Umwelt der evolutionären Angepasstheit unterscheiden, negativ auf unsere Gesundheit, unser psychisches Wohlbefinden und unser allgemeines Funktionieren aus. Die Anpassungen hingegen, also jene Aspekte, in denen unser durch die Evolution geformter Apparat besonders gut mit unserer Umgebung harmoniert, bewirken, dass unsere Physiologie, Wahrnehmung, Kognition und Psyche positiv reagieren. Anpassungen finden wir hauptsächlich auf Elemente, die im Laufe unserer Evolutionsgeschichte präsent und überlebensrelevant waren, und sie sind auch heute noch in unserem Verhalten zu beobachten.

Die Savanne hat als Ort der Menschwerdung unsere Physiologie, Wahrnehmung, Kognition und Psyche geformt.

7

Was wir an einer Landschaft mögen

Unsere Evolutionsgeschichte hat unsere Präferenzen für bestimmte Landschaften geformt. Da die Savanne eine so wichtige Rolle gespielt hat, ist sie heute jene Landschaft, die von Menschen überall auf der Welt bevorzugt wird, zumindest von Kindern vor Erreichen der Pubertät. Diese Vorliebe existiert unabhängig davon, ob sie jemals eine Savanne gesehen haben oder nicht, ob sie im Regenwald aufgewachsen sind oder in der Großstadt. Das bleibt allerdings nicht so. Während vor der Pubertät die Savanne als attraktivste Landschaft empfunden wird, kommt es während der Pubertät zu einer Verschiebung der Präferenzen: Später bevorzugt man Landschaften, die jener gleichen, in der man aufgewachsen ist. Ein Mensch, der im Regenwald aufwächst, würde also vor der Pubertät die Savanne bevorzugen und nach der Pubertät den Regenwald.

Diese Modulation der **Landschaftspräferenzen** ist ein wunderbares Beispiel für die Wandlungsfähigkeit des Menschen. Die Kombination von evolvierten Präferenzen mit erlernten Vorlieben ist eine wesentliche Komponente des Erfolgsmodells *Homo*. Demnach wurden unsere Präferenzen durch die Evolutionsgeschichte geformt – jenes Habitat, das über Jahrmillionen das Lebensumfeld unserer Vorfahren war, verspricht unsere Bedürfnisse zu befriedigen. Zugleich besagt das Erreichen der Pubertät in einem bestimmten Habitat, dass es durchaus geeignet ist, um dort erfolgreich zu überleben und sich fortzupflanzen – so wie es offensichtlich auch den Eltern gelungen ist. Diese Doppelstrategie erzeugt einerseits mit der vorpubertären Savannenpräferenz ein Sicherheitsnetz und erlaubt andererseits ein flexibles Reagieren auf geeignete Habitate, das die Ausbreitung des Menschen über den gesamten Erdball erst ermöglicht hat.

Diese weitverbreitete positive Reaktion auf savannenartige Landschaften macht sich die englische Park- und Gartenkultur zunutze. Die typische englische Parklandschaft ist gekennzeichnet durch niedrigen Unterbewuchs, einzelne Baumgruppen, Reliefunterschiede und Wasserelemente. Diese sehr naturnahe Gartengestaltung spricht unser ästhetisches Empfinden stark an. Anders verhält es sich mit den streng formalisierten französischen Parks – hier werden Pflanzen in Formen gezwängt, die nicht ihrer natürlichen Wuchsform entsprechen, sondern vielmehr durch ihre Künstlichkeit die Macht der Menschen über die Natur demonstrieren sollen.

Die Wahrnehmung und Bewertung von Landschaften ist gefärbt von unseren Bedürfnissen. Landschaften als

7 Was wir an einer Landschaft mögen

evolutionär bedeutsame Informationsmuster werden von uns in zwei Stufen bewertet, wie die Psychologen Rachel und Stephen Kaplan in einer Präferenzmatrix beschrieben haben. Ob wir eine Landschaft als positiv oder negativ bewerten, hängt von den Möglichkeiten ab, die diese Landschaft uns bietet. Wenn wir mit einer neuen Landschaft konfrontiert werden, erfolgt erst ihre unmittelbare Bewertung und danach eine abgeleitete In beiden Schritten ist sowohl das **Verstehen dieser Landschaft** ein wichtiger Faktor, aber auch die Möglichkeit, sie zu erforschen **(Exploration).** Für die unmittelbare Bewertung ist die **Kohärenz,** also die Organisation der Elemente in einer Landschaft, ausschlaggebend, um sie zu verstehen. Diese ganz zentrale Eigenschaft bestimmt, ob wir die Landschaft als attraktiv oder nicht attraktiv wahrnehmen. Die Möglichkeiten zu ihrer Exploration hängen unmittelbar von ihrer **Komplexität** ab. In der weiteren Auseinandersetzung mit der Landschaft, bei der wir Schlussfolgerungen über ihre Beschaffenheit ziehen, sind Lesbarkeit und Orientierungsqualität wichtige Faktoren: Wie gut können wir unseren Weg durch diese Landschaft finden? Wie gut lassen sich bestimmte Routen, die Lage von Elementen merken?

Für die tiefer gehende Exploration spielt der Faktor **Mystery** (Rätselhaftigkeit oder Geheimnis) eine entscheidende Rolle. Dabei handelt es sich um Landschaftselemente, die nicht unmittelbar beobachtbar sind, die sich uns erst nach einer eingehenderen Auseinandersetzung mit der Landschaft erschließen und uns so zur Erforschung einladen. Mystery-Elemente wecken unsere Neugier und werfen Fragen auf wie: Was ist hinter dem Hügel? Was befindet sich hinter der Kurve? Oder anders gesagt: Welche Zusatzinformation ist zu erwarten? Allerdings zeichnet sich Mystery durch eine starke Ambivalenz aus – vielleicht erwartet uns dort etwas Gutes, es könnten aber auch Gefahren und unerfreuliche Entdeckungen auf uns lauern. Demzufolge ist ein gewisses Maß an Mystery für uns durchaus attraktiv. Es sollte jedoch im Rahmen bleiben (Abb. 7.1).

Wenn wir also mit einer neuen Landschaft konfrontiert sind, beurteilen wir diese spontan und emotional. Wir reagieren unmittelbar darauf und entscheiden auf dieser sehr emotional gefärbten Ebene, ob wir in der Landschaft

Abb. 7.1 Mystery, also Information, die nicht auf Anhieb zugänglich ist, erhöht die Attraktivität einer Landschaft. Ein Übermaß davon kehrt diesen Effekt jedoch ins Negative um, da sich dahinter auch Gefahren verbergen können

für eine Phase der Exploration, für ein zusätzliches Sammeln von Informationen verweilen wollen oder ob wir gleich weiterziehen. Die Zusatzinformation wiederum nutzen wir bei der anschließenden emotional-kognitiven Bewertung der Landschaft, die in die Entscheidung mündet, ob wir dort bleiben oder nicht. Und diese Entscheidung hängt nicht nur von objektiven Kriterien ab, die diese Landschaft charakterisieren, sondern auch von unseren eigenen Verhaltenstendenzen und Bedürfnissen.

Unsere Präferenzen für Landschaften werden von deren unmittelbaren und abgeleiteten Eigenschaften und Verhaltensmöglichkeiten beeinflusst.

8

Gute Aussichten

Die Möglichkeit, Vorhersagen über die unmittelbare Zukunft zu treffen, erhöht die Wahrscheinlichkeit, passende Antworten auf die Herausforderungen unserer Lebenswelt zu finden. Für unsere Vorfahren entschied die Möglichkeit, rechtzeitig zu agieren, oft über Leben und Tod. Sie ist in einer Landschaft dann gegeben, wenn diese uns einen guten Überblick über das Geschehen erlaubt. Der Geograf Jay Appleton hat in seiner **Prospect-Refuge-Theorie** unsere Präferenz für Landschaften beschrieben, die uns einen guten Überblick (Prospect) aus einem geschützten Beobachtungsort (Refuge) bieten.

Der Überblick erlaubt es uns, potenzielle Gefahren, aber auch interessante Möglichkeiten im Auge zu behalten und so unser Verhalten darauf abzustimmen. Gewährleistet wird der gute Überblick durch Parameter wie einen niedrigen Bodenbewuchs, wenige Blickhindernisse und gute

Beleuchtung. Idealerweise genießt man diesen Überblick aus einer Position heraus, an der man selbst nicht so gut sichtbar ist, um den Informationsvorsprung noch zu verstärken. Eine solche Zuflucht gestattet es uns zu sehen, ohne gesehen zu werden.

Die Zuflucht erlaubt uns, Gefahren zu entkommen, ist uns aber nur dann wirklich von Nutzen, solange wir sie selbst besetzen. Ansonsten könnten uns von dort ja auch Feinde oder andere Gefahren drohen. Unsere Sinnesorgane sind hauptsächlich nach vorne ausgerichtet. Das heißt, wir können sehr gut wahrnehmen, was in unserem Gesichtsfeld liegt, jedoch nur eingeschränkt, was sich hinter unserem Rücken abspielt. Das betrifft nicht nur die visuelle Wahrnehmung; auch die akustische Auflösung ist bei Geräuschen, die uns von vorne erreichen, besser als bei denen von hinten. Aufgrund dieser Einschränkungen ziehen wir Aufenthaltsorte vor, die unseren Rücken gleichsam wie eine Barriere schützen.

Die Kriminologin Bonnie Fisher und der Städteplaner Jack Nasar haben die Prospect-Refuge-Theorie dann um den Faktor Fluchtmöglichkeit zur **Prospect-Refuge-Escape-Theorie** erweitert. Damit tragen sie der Tatsache Rechnung, dass sich nicht alle Gefahren bekämpfen lassen, sondern manchmal die einzige Option darin besteht, ihnen zu entkommen.

Diese grundsätzlichen Landschaftseigenschaften bevorzugen wir auch heute noch, was sich in unserem Verhalten äußert. Wir wählen mit Vorliebe Aufenthaltsorte, die uns aus einem geschützten Beobachtungsort heraus einen guten Überblick über das Geschehen bieten. Stadtplätze illustrieren das eindrucksvoll. Besonders bei großen Plätzen, die bar jeglicher Ankerpunkte sind, zeigt sich, dass der mittlere Bereich nicht zum Verweilen, sondern nur zum Überqueren genutzt wird. Als Verweilorte dienen die Randbereiche der Plätze, die einen geschützten Rücken bieten. Die Hauptplätze italienischer und spanischer Städte, mit den Cafés und Bars an den Platzrändern, sind daher beliebte Aufenthaltsorte. Hier sind auch die Sitzplätze entsprechend der Prospect-Refuge-Theorie angeordnet – mit dem Blickfeld Richtung Platzmitte. Man sitzt also nebeneinander und nicht einander gegenüber, wie es für den deutschsprachigen Raum typisch wäre. Demzufolge haben die Plätze an einem Tisch vergleichbare Überblicks- und Zufluchtsqualitäten und das Blickfeld ist ein gemeinsames. Diese Sitzplatzanordnung fördert also ein gemeinsames Erleben (Abb. 8.1).

Anders im typischen Wiener Kaffeehaus, wo man sich meistens gegenübersitzt. Hier sind also die Plätze so angeordnet, dass sich die Erfahrungswelten der beiden

Abb. 8.1 Auf urbanen Plätzen suchen wir diejenigen Orte bevorzugt auf, die uns einen guten Überblick über das Geschehen bieten

Personen, die gemeinsam an einem Tisch sitzen, nicht decken. Der Fokus der Interaktion wird auf die Ereignisse gelegt, die sich zwischen den beiden abspielen. Im Sinne der Prospect-Refuge-Theorie bedeutet diese Anordnung allerdings eine nur mittelmäßige oder sehr asymmetrische Qualität der Sitzplätze. Mittelmäßig dann, wenn beide Plätze einen seitlichen Schutz aufweisen, asymmetrisch dann, wenn ein Platz einen guten Überblick mit geschütztem Rücken gewährleistet, die andere Person aber mit dem Rücken zum Geschehen sitzt. Ein Ausweg aus diesem Dilemma bieten Nischenplätze, die in Bezug auf den Prospect-Refuge-Wert hoch anzusiedeln sind und eine Orientierung auf die Interaktion ermöglichen. Die Nischenplätze sind entsprechend beliebt – sie werden als Erste besetzt, gefolgt von den Plätzen am Rande des Gastraumes. Zuletzt werden die Tische gewählt, die sich in der Mitte des Raumes befinden, also diejenigen, die einen mittelmäßigen Überblick ohne jede Zuflucht kombinieren.

Aber nicht nur in Kaffeehäusern und Restaurants sind diese Randplätze beliebt; auch in anderen urbanen Bereichen, zum Beispiel bei Sitzbänken auf Stadtplätzen, schlägt sich die Prospect-Refuge-Theorie nieder. Hier sind ebenfalls jene Sitzbänke besonders beliebt, die sich am Rande der Plätze befinden und idealerweise noch einen geschützten Rücken bieten. Diese Plätze werden nicht nur als Erste besetzt, auch die Verweildauer ist hier am längsten (Abb. 8.2).

Wo wir keinen guten Überblick haben, ist uns ein Schutz im Rücken also am liebsten. Sollte der nicht verfügbar sein, wird ein dachartiger Schutz geschätzt. An letzter Stelle steht seitlicher Schutz. Dieses Präferenzgefälle spiegelt die Platzwahl wider.

Abb. 8.2 Umsetzung der Prospect-Refuge-Theorie im Design. Diese Sitzmöbel an der DTU (Dänemarks Technische Universität) bieten geschützte Rückzugsmöglichkeiten kombiniert mit gutem Überblick

Auch bei der Wahl von Sitzplätzen in öffentlichen Verkehrsmitteln wirken sich die beschriebenen Faktoren Prospect, Refuge und Escape aus. An erster Stelle steht der Überblick, an zweiter Stelle die Zuflucht. Der Faktor Flucht spielt etwa für die Beliebtheit von Sitzplätzen in Straßenbahnen keine Rolle. Erst bei Fahrzeugen mit weniger Türen kommt auch dieser Faktor zum Tragen.

Derlei Präferenzen beeinflussen nicht nur das Verhalten, sondern auch das Wohlbefinden. So wirkt sich ein Platz mit einem hohen Ausmaß an Überblick, Zuflucht und Fluchtmöglichkeit auf das individuelle Befinden positiver aus als ein Platz, auf den das Gegenteil zutrifft. Daher ist es von zentraler Bedeutung, diese Präferenzen und Verhaltenstendenzen in die Planung und Nutzung von Räumlichkeiten einzubeziehen.

Wie die Evolution unsere Platzwahl in öffentlichen Verkehrsmitteln beeinflusst

von Kathrin Masuch Mit der Bildung von großen Siedlungen und in weiterer Konsequenz der Errichtung von Städten, hat sich der moderne Mensch immer weiter von seiner ursprünglichen Umgebung und dem Leben in kleineren Familienverbänden entfernt. Umso wichtiger ist es natürlich, dass auch in dieser, für uns evolutionär gesehenen neuen Umgebung, unsere natürlichen Bedürfnisse erfüllt werden und wir unsere Umgebung zu einem Platz machen, an dem wir uns gerne aufhalten und wohlfühlen.

In der vorliegenden Studie haben wir uns mit dem Verhalten moderner Menschen in Städten befasst und unsere Daten an dem Ort gesammelt, an dem in einer modernen europäischen Großstadt wohl niemand dran vorbei kommt: den öffentlichen Verkehrsmitteln.

Nirgends sonst in unserem Alltag kommt es innerhalb einer so kurzen Zeitspanne zu so einer Vermischung von Menschen unterschiedlichsten Alters, Bildungsschichten, Ethnien und Beweggründen wie bei einer Fahrt mit U-Bahn, Straßenbahn oder Bus.

Und auch wenn die Benutzung der öffentlichen Verkehrsmittel bei uns höchst automatisiert abläuft, man ihnen keine weitere Bedeutung zukommen lässt und sie generell nur als Mittel zum Zweck sieht, um in möglichst kurzer Zeit von A nach B zu gelangen, stellen wir doch hohe Ansprüche an sie. Zuverlässig und schnell sollen sie sein, aber auch Sauberkeit, Bequemlichkeit und der generelle Wohlfühlfaktor spielen für uns eine wichtige Rolle.

In der frühen Evolutionsgeschichte des Menschen spielt die natürliche Landschaft der Savanne eine große Rolle, naheliegend also, dass wir nach wie vor savannenähnliche Landschaftstypen bevorzugen. Savannen zeichnen sich durch weite offene Landflächen mit vereinzelten Bäumen aus. Die Savanne ist nahezu perfekt, um herannahende Gefahren rechtzeitig erkennen zu können. Gleichzeitig bietet diese Landschaft aber auch Schutz vor Feinden und vor der sengenden Sonne. Diese Eigenschaften werden als

8 Gute Aussichten

Schlüsselfaktoren gesehen, welche die Überlebenswahrscheinlichkeiten unserer Vorfahren erhöhten, so wie es auch die *Prospekt and Refuge Theory*, von Jay Appleton postuliert. Diese Theorie wurde später noch durch den Aspekt der Flucht erweitert, da es ebenfalls wichtig ist, wie schnell und gut man aus einer gefährlichen Situation entkommen kann. Obwohl all diese Grundansprüche sich schon zu Beginn der menschlichen Evolution gebildet haben, haben sie auch in der heutigen Zeit ihre Wichtigkeit für uns nicht verloren. An Orten, die wir in unserem täglichen Leben nicht nur durchqueren, sondern an denen wir auch Zeit verbringen und sie somit zumindest für kurze Zeit zu unserem „Besitz" machen, sind uns diese Faktoren besonders wichtig.

In dieser Studie gehen wir also davon aus, dass diese evolutionär gebildeten Verhaltensweisen immer noch gültig sind und somit auch unser Verhalten in evolutionstechnisch betrachtet sehr untypischen Orten beeinflusst. Angewandt auf das Beispiel der öffentlichen Verkehrsmittel, können diese sich wie folgt auswirken:

Plätze mit gutem Überblick ermöglichen es nicht nur das Fahrzeuginnere, sondern auch die äußere Umgebung im Auge zu behalten. Idealerweise sind diese in Fahrtrichtung angebracht.

Gerade an Orten, die wir uns mit vielen anderen unbekannten Personen teilen müssen, ist uns unsere Privatsphäre besonders wichtig. Wir suchen nicht nur Schutz vor Feinden, sondern auch einen möglichst guten Rückzugsort. Dies können Einzelsitzplätze sein, die möglichst vor einer Trennwand angebracht sind, um uns auch von hinten Schutz zu bieten.

Im Falle einer tatsächlichen Gefahr oder unangenehmen Situation sollte ein rascher und ungehinderter Ausstieg möglich sein. Dies trifft auf Sitzplätze in Türnähe zu, die möglichst nicht durch andere Mitreisende verstellt werden können. Auch hier ist anzunehmen, dass Einzelsitze oder Sitzplätze am Durchgang den Doppelsitzplätzen am Fenster vorgezogen werden. All dies lässt vermuten, dass Sitzplätze in öffentlichen Verkehrsmitteln, welche ein hohes Maß an Überblick, Rückzug und Flucht bieten, bei der Auswahl bevorzugt werden.

Um diese Möglichkeiten zu erhalten, wurden in einem ersten Schritt sämtliche Sitzplätze in drei verschiedenen Wiener Straßenbahntypen bezüglich ihrer Sicht-, Rückzugs- und Fluchtmöglichkeiten evaluiert. Diese Evaluierung wurde von sieben StudentInnen und MitarbeiterInnen des Departments für Anthropologie der Universität Wien, basierend auf dem Schulnotensystem, durchgeführt. Aus den vorliegenden einzelnen Bewertungen wurde der statistische Mittelwert für Überblick, Schutz und Flucht und einer Gesamtqualität des Sitzplatzes errechnet, welcher anschließend für die weiterführenden statistischen Auswertungen verwendet wurde.

Um festzustellen, welche Sitzplätze nun tatsächlich bevorzugt werden, wurde im Rahmen einer Verhaltensbeobachtung die Reihenfolge der Sitzplatzbelegung notiert. Um Irrtümer auszuschließen, waren alle Sitzplätze nummeriert.

Für die Verhaltensbeobachtungen wurde eine Station gewählt, an der möglichst viele Straßenbahnlinien verkehren, um die Wartezeiten möglichst kurz und die Datenerhebung möglichst effizient zu gestalten. Für alle hier getesteten Linien war dies die Anfangsstation ihrer Runde, und so konnte sichergestellt werden, dass die erhobenen Daten nicht durch eventuell schon besetzte Plätze beeinflusst wurden.

Um sicherzustellen, dass jeweils alle Sitzplätze eines Straßenbahnwaggons eingesehen und zur Datenaufnahme herangezogen werden können, wurde die Datenaufnahme im Team von jeweils zwei Studierenden durchgeführt. Mithilfe der Sitzpläne wurde nun ab dem Zeitpunkt des Einsteigens des ersten Passagiers/der ersten Passagierin die Reihenfolge der Sitzplatzbelegung notiert. Zusätzlich wurde auch das Geschlecht der beobachteten Person, das geschätzte Alter und eine eventuelle Gruppenzusammengehörigkeit sowie die Gruppengröße notiert. Innerhalb von vier Wochen wurden auf diese Weise 800 Fahrten, somit 400 beobachtete Straßenbahnen aufgenommen. Während dieser Fahrten wurden 6419 Sitzplatzbelegungen beobachtet. Die vorliegenden Daten zeigen, dass grundlegende evolutionär bedingte Ansprüche an unsere Umgebung, wie Ausblick,

Rückzugs- und Fluchtmöglichkeiten, auch in unserer heutigen modernen Welt eine Rolle spielen. Selbst in öffentlichen Verkehrsmitteln, welche reine zweckgebundene und anonyme Fortbewegungsmittel darstellen, wählen wir Sitzplätze, welche alle diese Grundbedürfnisse erfüllen. Anders als vorhergesagt beeinflussen aber nicht alle Faktoren die Sitzplatzwahl gleich stark. Der ausschlaggebende Grund, sich einen bestimmten Platz auszusuchen, ist hier die Rückzugsmöglichkeit. Die Verletzung unserer Privatsphäre und unseres Individualabstands wird als äußerst unangenehm und Stress auslösend empfunden. Die beliebtesten Plätze in unserer Untersuchung waren Einzelsitze, womit schon ein erheblicher Beitrag zur Gewährung der Intimsphäre geleistet ist. Eine weitere Rolle bei der Wahl des Sitzplatzes spielt der möglichst gute Überblick, auch wenn diese Relevanz deutlich geringer ist, wobei generell Plätze in Fahrtrichtung immer bevorzugt werden. Einzig die Qualität der Fluchtmöglichkeit scheint keinen Einfluss auf unser Verhalten zu haben. Dies kann darauf zurückgeführt werden, dass die Datenaufnahme dieser Studie an Vormittagen stattfand, somit bei guten Lichtverhältnissen und zu einer Tageszeit an der das subjektive Sicherheitsempfinden eher hoch ist. Außerdem ist die verbrachte Zeit in öffentlichen Verkehrsmitteln in der Stadt relativ kurz, sodass auch das Konfliktpotenzial eher gering ist. Natürlich können auch andere Faktoren die Sitzplatzwahl beeinflussen, so ist es durchaus möglich, dass praktische Aspekte, wie die Möglichkeit des schnellen und ungestörten Aussteigens grade bei sehr kurzen Fahrten, die Platzwahl stärker beeinflussen als die von uns untersuchten evolutionären Aspekte.

Auch wenn praktische Überlegungen in Bezug auf die Fahrten mit öffentlichen Verkehrsmitteln unser Verhalten beeinflussen, so können sie unsere evolutionär bedingten Verhaltensweisen nicht verdrängen. Aspekte, welche unseren Vorfahren das Überleben in der Savanne ermöglicht haben, wie ein guter Überblick über die Situation, Rückzugs- und gute Fluchtmöglichkeiten, spielen auch in unserem heutigen, urbanen Leben eine große, wenn auch nicht mehr unbedingt lebenswichtige Rolle.

8 Gute Aussichten

Vor ein paar Jahren trat eine Hotelkette an meine Arbeitsgruppe heran. In einem der Häuser bestand das Problem, dass die Bar und vor allem das Restaurant sehr umsatzschwach waren, und man fragte uns, ob das etwas mit den strukturellen Eigenschaften der Räumlichkeiten zu tun haben könne. Eine Bestandsaufnahme ergab, dass die Gestaltung des Restaurants an sich die Bedürfnisse nach Überblick und Zuflucht durch Nischen und Kojen gut berücksichtigt hatte. Allerdings wurde dieser Effekt durch die Nutzung wieder zunichte gemacht: Gäste wurden zuerst an die Plätze mit geringerer Qualität gesetzt, die sich also in der exponierten Mitte des Raumes befanden. Diese Strategie sollte das Restaurant immer gut besucht erscheinen lassen. Unsere Analysen zeigten, dass an diesen exponierten Plätzen die Verweildauer kürzer war und entsprechend weniger konsumiert wurde. Die Vermutung liegt nahe, dass sich die Besucher an diesen Plätzen weniger wohlfühlten als in den geschützten Nischen und folglich auch ihre Motivation abnahm, das Restaurant wieder zu besuchen. Das bedeutet, dass die Politik des exponierten Platzierens möglicherweise eine nachhaltige Verringerung des Umsatzes zur Folge hatte.

Ein guter Überblick über das Geschehen kombiniert mit Rückzugsmöglichkeiten sind Eigenschaften, die einen Aufenthaltsort attraktiv machen.

9
Die unendliche Faulheit des Gehirns

Unser Sinnesapparat hat sich im Laufe der Evolution so entwickelt, dass er besonders gut auf Stimuli zugeschnitten ist, die für unsere Vorfahren besonders relevant waren. So ist die Empfindlichkeit unseres Ohres im Frequenzbereich der menschlichen Sprache am höchsten. Dies ist das Ergebnis eines langwierigen evolutionären Prozesses, bei dem die Sinne zunehmend auf die überlebensrelevante Umwelt abgestimmt wurden. Demzufolge fällt unserem Wahrnehmungsapparat die Verarbeitung derjenigen Reize am leichtesten, wo diese Abstimmung besonders gut gelungen ist. Und da unser Gehirn ein arbeitsscheues Organ ist, reagiert es positiv auf Reize, die dank einer solch guten Abstimmung dem Wahrnehmungs- und Kognitionsapparat Mühe und Rechenaufwand ersparen.

Was wären solche Reize oder Reizelemente? Dazu zählen beispielsweise **Symmetrie, Kontraste** und **Redundanz,** alles Faktoren, die es uns erleichtern, Reize zu verarbeiten. Man stelle sich ein bilateral symmetrisches Gesicht vor. Das Symmetrieelement erleichtert die Verarbeitung insofern, als es eigentlich genügt, eine Hälfte des Gesichtes zu verarbeiten und die zweite durch Spiegelung zu ergänzen. Dies reduziert den Aufwand substanziell. Kontrast gebende Eigenschaften erleichtern die Unterscheidung von Objekten oder die Wahrnehmung von Bewegungen. Redundanz, also sich wiederholende Stimuluseigenschaften, wird aus denselben Gründen als attraktiv wahrgenommen wie Symmetrie.

Neben diesen basalen Reizeigenschaften kennen wir bestimmte **Prototypen,** die im Laufe unserer Evolutionsgeschichte eine äußerst wichtige Rolle gespielt haben und daher in unserem Wahrnehmungs- und Kognitionsapparat verankert wurden. Der wohl bekannteste Prototyp ist das **Kindchenschema.** Konrad Lorenz hat das Kindchenschema als einen Reiz beschrieben, der in Säugetieren Beschützer- und Versorgerverhalten auslöst. Es setzt sich aus Elementen des infantilen Säugetiergesichtes zusammen: übergroße Augen, kleines Untergesicht, hohe Stirn, kleine Stupsnase und sehr großer Kopf relativ zum restlichen Körper. Das Kindchenschema hatte in unserer Evolutionsgeschichte die wichtige Funktion, Schutz und Versorgung der Nachkommen sicherzustellen. Dass es auch artübergreifend funktioniert, ist ein Beispiel für die Unvollkommenheit der Evolution. Wir reagieren mit positiven Emotionen und einer Tendenz zum Fürsorgeverhalten nicht nur auf Mitglieder der eigenen Art, sondern finden auch Hunde- oder Katzenbabys süß, wie die sozialen Netzwerke zeigen, wo Unmengen entsprechender Bilder geteilt werden. Das Kindchenschema wird auch bei Comicfiguren oder Stofftieren eingesetzt. Hier nutzt man das Zusammenspiel zwischen Reiz und Wahrnehmungs- sowie Kognitionsapparat aus und instrumentalisiert unsere positiven Reaktionen auf diese Stimuluseigenschaften, um damit ein Geschäft zu machen.

Ein weiteres Beispiel für Prototypenerkennung sind Körpersilhouetten, die uns anhand von sehr stark abstrahierten Formen auch auf große Distanz eine Aussage dazu erlauben, ob es sich um einen Mann oder eine Frau handelt. Auch diese geschlechtstypischen Proportionen scheinen als Prototypen in unserem Wahrnehmungs- und Kognitionsapparat verankert zu sein.

Die sehr gute Entsprechung zwischen einem Stimulus und unserem sensorischen und kognitiven Apparat löst eine stark positive emotionale Reaktion aus. Laut der **Evolutionären Ästhetik** freuen wir uns etwas zu sehen, was wir gut verarbeiten können, weil es im Laufe unserer Evolutionsgeschichte Relevanz hatte. Eine mittelmäßige Entsprechung löst keine starke emotionale Reaktion aus. Wenn hingegen für unseren Wahrnehmungs- und Kognitionsapparat etwas völlig neu ist, kann es zu einer Stressreaktion kommen, weil wir uns aufgrund dieser Neuheit nicht auf evolvierte Fähigkeiten verlassen können.

Eine Qualität von visuellen Reizen ist die **fraktale Dimension** oder **Selbstähnlichkeit.** Dabei handelt es sich um sich wiederholende, in sich wiederkehrende Muster. Fraktale werden als sehr ästhetisch wahrgenommen und in der digitalen Kunst eingesetzt, um natürliche Gebilde wie Bäume zu schaffen. Mathematisch erzeugte Fraktale wie die Mandelbrotmenge faszinieren uns durch ihre strikte Selbstähnlichkeit. Natürliche Fraktale folgen diesem Gesetz der Selbstwiederholung nicht streng, sondern mit leichten Abweichungen. Bäume, Wolken, Wellen, Küstenlinien oder Berge wirken also durch ihre fraktale Dimension besonders ansprechend auf unser Auge. Sehr eingängige Beispiele für gewachsene Fraktale sind Romanesco oder Farne (Abb. 9.1).

Die Selbstähnlichkeit von Fraktalen ist eine Form von Ordnung. Ordnung reduziert die Komplexität. Deshalb weisen Fraktale einen mäßigen Grad an Komplexität auf.

Abb. 9.1 Fraktale bestechen uns durch ihre Schönheit, da ihre Selbstähnlichkeit ein leicht zu verarbeitendes Ausmaß an Komplexität erzeugt

Komplexität ist eine weitere Größe, die mit Attraktivität in keinem linearen Zusammenhang steht. Ein Höchstmaß an Komplexität entspricht dem vollkommenen Chaos, da ordnende Elemente und ursächliche Beziehungen völlig fehlen. Andererseits kann auch die Vielfalt und Vielzahl an Abhängigkeiten zwischen den Elementen eine Quelle für Komplexität sein. Wenn Ordnung entsteht, wird die Komplexität reduziert – Ordnung ist nämlich nichts anderes als Redundanz.

Der Zusammenhang zwischen Komplexität und Ästhetik, bezogen auf die Attraktivität einer Landschaft, ist ein umgekehrt u-förmiger: Habitate mittlerer Komplexität erhalten die höchste Präferenz. Einerseits überfordert die Verarbeitung dieses Habitats unseren sensorischen und kognitiven Apparat nicht, andererseits ist aber genügend Komplexität vorhanden, um unsere vielzähligen Bedürfnisse befriedigen zu können.

Diejenigen Reizeigenschaften, die für unser Gehirn leicht zu verarbeiten sind, werden als attraktiv wahrgenommen.

10

Eine Freude für unsere Sinne – Evolutionäre Ästhetik

Evolutionäre Ästhetik beschreibt das Phänomen, dass wir jene Dinge als besonders attraktiv, besonders schön empfinden, die im Laufe unserer Evolutionsgeschichte eine hohe Relevanz hatten. Diese Relevanz kann eine positive, im Sinne der Nützlichkeit und Förderung des Überlebens und der Fortpflanzung, sein, oder sogar eine negative, im Sinne der Gefährdung derselben. Es war für unsere Vorfahren äußerst wichtig, diese Elemente in ihrer Umgebung verlässlich wahrzunehmen, schnell zu verarbeiten und mit adäquatem Verhalten zu reagieren. Deshalb haben diese Elemente Spuren in unserem Wahrnehmungs-, Kognitions- und Verhaltensapparat hinterlassen und lösen noch heute eine spontane emotionale Reaktion aus.

Evolutionäre Ästhetik bezieht sich nicht auf die Gesamtheit eines nützlichen oder gefährlichen Umgebungselements, sondern meist auf Eigenschaften, die ein

Erkennen dieser Elemente verlässlich ermöglichen. Es muss also nicht ein ganzer Tiger sichtbar sein, um eine Reaktion hervorzurufen, es genügt ein Stück Fell mit dem typischen Tigermuster. Dies ist aus folgenden Gründen adaptiv: Erstens war in der Umgebung der evolutionären Angepasstheit ein Stück Tigerfell meist Teil eines lebenden Tigers, und somit war die Annahme, dass das eigene Leben unmittelbar bedroht war, naheliegend. Zweitens versuchen Tiger beim Anschleichen, nicht gesehen zu werden, also waren sie selten ganz sichtbar. Drittens war es besser, einmal zu oft zu flüchten und dadurch sicherzustellen, dass man auf jeden Fall davonkommt. Viertens ist die Verankerung eines einfachen Musters in unserem Wahrnehmungs- und Kognitionsapparat leichter als die eines komplexen, ganzen Lebewesens.

Überlebensrelevante Stimuli lösen eine spontane emotionale Reaktion aus, die eine positive oder negative Valenz aufweisen kann. Diese Emotionen sind ein unverzichtbarer Teil des Weges zu einer passenden Verhaltensreaktion. Das Verhaltensrepertoire des Menschen ist äußerst umfangreich. Die Flexibilität, die dieses große Repertoire mit sich bringt, ermöglicht uns zwar, mit nahezu allen Lebensumständen zurechtzukommen, zugleich wird jedoch die Auswahl der passendsten Verhaltensreaktion erschwert. Hier kommt den **Emotionen** eine ganz wichtige Rolle zu, nämlich diesen Entscheidungsraum einzuengen. Nehmen wir an, wir besuchen ein Restaurant, dessen Speisekarte hunderte Speisen umfasst, sodass eine Auswahl schier unmöglich erscheint. Die Emotionen sind mit einem Kellner vergleichbar, der eine Handvoll Empfehlungen ausspricht und so die Auswahl auf eine überschaubare

Anzahl an Optionen reduziert. Diese Einschränkung des Entscheidungsraumes beschleunigt den Entscheidungsprozess immens.

Die Fähigkeit, schnell eine Verhaltensantwort auf ein überlebensrelevantes Ereignis in unserer Umgebung zu produzieren, stellte für unsere Vorfahren einen entscheidenden Vorteil dar. Somit könnte man sagen, dass die Redensart „einen kühlen Kopf bewahren" nicht haltbar ist, da emotionsfreies Denken eigentlich unmöglich ist. Emotionen, also zumindest eine gewisse Warmköpfigkeit, sind ein integraler Bestandteil von kognitiven Vorgängen, ja man könnte sogar so weit gehen zu sagen, dass der erste Schritt eines jeden kognitiven Vorganges ein emotionaler ist.

Wenn es um das Überleben geht, helfen uns Emotionen und Vorlieben bei der Entscheidungsfindung.

11

Biophilie, oder wie Pflanzen Leben retten

Bestimmte Reize waren also ganz besonders wichtig für unsere Vorfahren. Bei solchen überlebensrelevanten Reizen spricht man auch von einer sehr hohen **ökologischen Validität**. **Biophilie** wurde von Erich Fromm als Gegenpol der Nekrophilie, als wachstumsorientiert und zum Lebendigen hin ausgerichtete Charakterorientierung, beschrieben. Der Evolutions- und Soziobiologe E.O. Wilson definierte den Begriff Biophilie wahrscheinlich unabhängig von Fromm und beschreibt ihn als die Tendenz, die Aufmerksamkeit auf Lebendiges und lebensähnliche Prozesse zu richten. Er postuliert, dass sich im Laufe der Evolutionsgeschichte eine Affinität zu den vielen Formen des Lebens und zu Habitaten und Ökosystemen entwickelt habe, die Leben ermöglichten. Wilsons Biophilie-Hypothese umfasst also alles Lebendige und umschließt sowohl positive also auch negative Elemente unserer belebten Umwelt.

Irenäus Eibl-Eibesfeldt prägte den Begriff **„Phytophilie"** als Untereinheit der Biophilie. Phytophilie konzentriert sich auf Pflanzen als Teilaspekt der belebten Umwelt. Pflanzen waren für unsere Vorfahren ein ganz zentraler Faktor, zum einen als Nahrungsressourcen, zum anderen als Schutz vor der Sonne und vor möglichen Bodenräubern. Neben ihrer zentralen Rolle als Ressourcen waren Pflanzen aber auch Indikatoren für andere überlebenswichtige Elemente: Dort, wo Pflanzen gedeihen konnten, war ausreichend Wasser vorhanden, um diese zu versorgen. Also diente üppige Vegetation als verlässlicher Hinweis auf Wasserstellen. Pflanzen und Menschen sind nicht die einzigen Lebewesen, die auf Wasser angewiesen sind; deshalb ist an offenen Wasserstellen die Wahrscheinlichkeit höher, auf jagdbare Tiere zu stoßen. Demnach deutete die Existenz von Pflanzen auf das Vorkommen der wichtigsten Ressourcen hin, die wir zum Überleben brauchten: pflanzliche Nahrung, Wasser und tierische Nahrung sowie Schutz vor Feinden und Hitze. Deshalb hat sich die Wahrnehmung und Verarbeitung von Pflanzen in Form der Phytophilie ausgeprägt, die sich in einer positiven emotionalen Reaktion auf pflanzliche Reize äußert (Abb. 11.1).

Pflanzen waren also in unserer Evolutionsgeschichte so wichtig, dass wir bis heute umfassende positive Effekte von Pflanzen auf den Menschen beobachten können. Natürliche Umgebungen beziehungsweise Pflanzen wirken sich auf die Physiologie und die Psyche, aber auch auf den allgemeinen Gesundheitszustand aus. Der Architekturprofessor Roger S. Ulrich hat zahlreiche Studien zu den positiven Auswirkungen von Pflanzen durchgeführt.

Abb. 11.1 Naturlandschaften, Pflanzen und besonders Blüten lösen positive emotionale und physiologische Reaktionen aus

Er hat aufgezeigt, dass Pflanzen eine wichtige Funktion bei der Erholung von **Stress** haben können: Im Rahmen eines Trainings zur Vermeidung von Arbeitsunfällen wurde ein Film über Arbeitsunfälle gezeigt. Da dieser viele blutige und schreckliche Szenen beinhaltete, löste er in den Kursteilnehmern eine Stressreaktion aus, die auch physiologisch messbar war. Im Anschluss an den Film teilte man die Teilnehmer in zwei Gruppen: Die erste Gruppe sah einen Film mit Naturaufnahmen und die zweite einen Film mit Stadtlandschaften. In beiden Gruppen kam es zu einer Abnahme der Stressindikatoren; allerdings normalisierten sich physiologische Parameter wie die Herzrate und die Hautleitfähigkeit bei denjenigen Teilnehmern schneller, die Naturaufnahmen sahen. Auch empfand diese Gruppe weniger Angst und mehr positive Gefühle als die Gruppe, denen man Stadtlandschaften gezeigt hatte. Diese

Stresserholungshypothese wurde von der Architektin und Umweltpsychologin Judith Heerwagen mit einer Studie in Zahnarztpraxen untermauert. Als man im Wartezimmer ein Bild mit einer Naturlandschaft aufhängte, führte das bei den Patienten zu einer signifikanten Reduktion von Angstgefühlen und Stress. Auch die Umweltpsychologin Agnes van den Berg und Kollegen konnten diese Stressreduktion durch Naturlandschaften nachweisen.

Stress ist nicht grundsätzlich als negativ zu betrachten. Vielmehr ist die Stressreaktion ein wichtiger Teil der physiologischen Reaktion auf Abweichungen der Umweltbedingungen vom Idealzustand. Stress versetzt den Organismus in eine erhöhte Alarm- und Reaktionsbereitschaft. Die Stressreaktion ist also Teil der **adaptiven Antwort** auf Umweltbedingungen, die eine Aktion erforderlich machen, um das Gleichgewicht mit der Umwelt wiederherzustellen. Sie erfüllt die wichtige Funktion zu gewährleisten, dass wir nicht zu lange in Bedingungen verharren, die sich negativ auf uns auswirken. Negativ wird Stress erst, wenn er zu einem Dauerzustand wird. Dann kann es zu einer nachhaltigen Schädigung des Organismus kommen. Deshalb ist die Stressreduktion, also die Normalisierung des physiologischen Zustandes nach der unmittelbaren Stressreaktion, ausschlaggebend für die Gesundheit. In dieser Beziehung kommt der Biophilie eine besondere Bedeutung zu: Visuelle Stimuli mit moderater Tiefe und mittlerer Komplexität sowie die Anwesenheit von Naturelementen fördern die Stressregeneration, wohl auch, da diese Elemente mit den Möglichkeiten assoziiert sind, die durch die Stressreaktion erschöpften Systeme wieder aufzuladen.

Die effektive Stressreduktion deutet darauf hin, dass natürliche Umgebungen weitreichendere Auswirkungen auf unsere Gesundheit haben. Roger S. Ulrich hat den Gesundungsverlauf von Patienten nach chirurgischen Eingriffen beobachtet und einen Zusammenhang zwischen der Genesung und dem Ausblick aus den Krankenzimmern festgestellt. Jene Patienten, die Ausblick auf Bäume hatten, litten unter weniger postoperativen Komplikationen und benötigten weniger Schmerzmittel als diejenigen, deren Fenster einen Ausblick auf Gebäude boten. Bei Patienten, die auf eine grüne Mauer blickten, lagen die Genesungswerte zwischen denen der beiden anderen Gruppen. Dies ist ein erster Indikator dafür, dass die positiven Effekte, die Pflanzen auf uns haben, nicht zuletzt auf die Farbe Grün zurückzuführen sind. Ein Ausblick auf Natur kann sogar manchmal dafür sorgen, dass man gar nicht erst krank wird, wie eine Untersuchung von Ernest O. Moore über Gefängnisinsassen erbracht hat. Eine groß angelegte Studie von Omid Kardan und Mitarbeitern in Toronto hat gezeigt, dass sich die Gründichte in der Wohnumgebung für Stadtbewohner durchaus auszahlt, auch was ihre Gesundheit betrifft. Die Wissenschaftler konnten einen positiven Effekt auf das Herz-Kreislauf-System nachweisen und stellten fest, dass diese Wirkung auf das Grün zurückgeht, dem die Bewohner direkt und visuell ausgesetzt sind.

Pflanzen und Naturlandschaften wirken sich grundsätzlich positiv auf unser Wohlbefinden aus, was sich auf die allgemeine Lebensqualität niederschlägt. Insbesondere am Arbeitsplatz sind Pflanzen von Bedeutung: In Büros mit Pflanzen wird nicht nur die Lebensqualität besser bewertet, auch die Zufriedenheit mit dem Job, die Arbeitsmoral und die Effizienz sind dort höher. Pflanzen reduzieren die Anzahl von Krankenstandstagen und erhöhen die selbst eingeschätzte Produktivität. Vor allem in fensterlosen Büros können Pflanzen das Raumklima immens verbessern, was sich positiv auf Stress und Angespanntheit sowie auf die Produktivität auswirkt. Das Vorhandensein von Pflanzen hilft, die mentale Müdigkeit zu reduzieren, die Aufmerksamkeit zu steigern, den Blutdruck zu senken und die Leistungsfähigkeit zu erhöhen.

Dem Paradigma der Evolutionären Ästhetik folgend, sind Naturlandschaften und Pflanzen Stimuli, auf die unser Wahrnehmungs- und Kognitionsapparat abgestimmt ist, und somit wäre eine positive Auswirkung auf kognitive Vorgänge naheliegend. In der Tat fiel es Studierenden leichter, ihre gerichtete Aufmerksamkeit zu halten, wenn sie sich in einem Raum befanden, der Ausblick auf Grün bot. Filme von Naturlandschaften führen zu gesteigerter Leistung bei Informationsverarbeitung, Konzentration und gerichteter Aufmerksamkeit. Assoziative Aufgaben werden in Anwesenheit von Pflanzen besser erledigt, nicht jedoch Kreativleistungen. Die Effizienz in einer Prüfungssituation wird durch Pflanzen gesteigert. Auch erfolgt eine Erholung von mentalen Anstrengungen schneller in Naturumgebungen – ob während eines echten oder computersimulierten Spazierganges oder bei einer Diashow.

Pflanzen als Denkturbo

Als ich im Jahr 1999 über meine Diplomarbeit nachdachte, war mir klar, dass ich mich mit den positiven Auswirkungen von Pflanzen auf die kognitive Leistungsfähigkeit auseinandersetzen wollte. Mit der Frage also, ob Zimmerpflanzen uns dabei helfen können, besser zu denken. Die Überlegungen, welches experimentelle Set-up dafür am besten geeignet sei, führten dann zu einer Entscheidung, die sowohl pragmatisch, als auch sinnvoll erschien: Als Testort wählte ich Fahrschulen, wo seit einiger Zeit der theoretische Teil der Führerscheinprüfung am Computer abgenommen wurden. Die Räume, in denen diese Prüfungen stattfinden, sind meistens mit 10 bis 20 Computerarbeitsplätzen ausgestattet. Anstatt eigens einen Test zur Erfassung der Denkleistung zu verwenden, verwendete ich die Testergebnisse der FahrschülerInnen, die detaillierte Informationen über die Leistung der Prüflinge beinhalten. Ich konnte also auf ein Experiment verzichten und dennoch unter kontrollierten Bedingungen Daten erheben. Überdies garantierte dieses Set-up, dass meine Versuchspersonen einen repräsentativen Querschnitt darstellten. Meine Intervention bestand darin, während bestimmter Phasen in den Prüfungsräumen von 4 Fahrschulen Pflanzen aufzustellen (Abb. 11.2). Eine Analyse der Testergebnisse von 430 Prüflingen ergab, dass die Effizienz der Denkleistung höher war, wenn sich im Prüfungsraum Pflanzen befanden. Wiewohl ich darauf achtete, dass der Raum unmittelbar vor der Prüfung gelüftet wurde, blieb unklar, ob dieser Effekt auf Veränderungen im Mikroklima des Raumes oder auf die visuelle Wirkung von Pflanzen zurückzuführen sei.

Deshalb setzte Marlene Mann diese Arbeit in ihrer Diplomarbeit fort. Sie arbeitete mit einem leicht abgewandelten Studiendesign. Sie verglich drei unterschiedliche Bedingungen: Es waren entweder echte Pflanzen, Kunstpflanzen oder grüne Modellautos auf den Schreibtischen neben den Monitoren. Auf Basis der Prüfungsergebnisse von 532 Fahrschülern konnte sie keinen Effekt der Dekoration auf die Prüfungsleistung nachweisen.

11 Biophilie, oder wie Pflanzen Leben retten

Abb. 11.2 Pflanzliches Grün unterstützt die kognitive Leistungsfähigkeit. Die Effizienz beim Ablegen der theoretischen Führerscheinprüfung wird gesteigert

11 Biophilie, oder wie Pflanzen Leben retten

Was war geschehen? Die Suche nach möglichen Ursachen für die widersprüchlichen Ergebnisse zeigte als erstes, dass die Fahrschulen sich sehr stark hinsichtlich der Leistung ihrer Schüler unterschieden. Es könnte also sein, dass der positive Effekt von Pflanzen unter dem dominanten Effekt der Fahrschule gelitten hatte. Ein weiterer Unterschied zwischen den beiden Studien bestand in der Jahreszeit: Während ich meine Daten im Winter erhob, wo es bekanntlich wenig Grün in der Umgebung gibt, fand Marlenes Studie in den Sommermonaten statt, die TeilnehmerInnen also täglich Grün vor sich hatten.

Nach der Analyse von beinahe 1000 Prüfungsbögen konnten wir also immer noch keine eindeutige Antwort darauf geben, ob denn so etwas wie ein positiver Effekt von Grünpflanzen auf die kognitive Leistungsfähigkeit existiert oder nicht.

Johannes Wolf trug mit seiner Masterarbeit eine weitere Studie zu diesem Thema bei. In diesem Fall entschieden wir uns für ein radikal anderes Set-up: In dem Hörsaal, in dem ich meine Gender-Vorlesung für Biologiestudierende im ersten Semester halte, gibt es zwei Projektionsflächen, von denen üblicherweise nur eine genutzt wird. Wir präsentierten auf der ungenutzten Fläche eine Diashow mit Bildern, deren Motive von Vorlesungseinheit zu Vorlesungseinheit variierten. Während drei Vorlesungen handelte es sich um Bilder von Stadtlandschaften, und während drei weiteren um Naturaufnahmen. Nach jeder Vorlesungseinheit gab es eine kleine Probeprüfung in Form von drei Multiple-Choice-Fragen zu den Inhalten, die gerade zuvor behandelt worden waren. Zwischen der Vorlesung und der Probeprüfung fand der eigentliche Test statt: Beim Stroop-Test werden Farbworte in unterschiedlichen Farben präsentiert, und die Aufgabe ist es, die Farbe, in der das Wort präsentiert wird, zu notieren. Dieser Test wird zur Einschätzung fokussierter Aufmerksamkeit eingesetzt. Die Studierenden erreichten mehr Punkte bei dieser Aufgabe, wenn sie zuvor aus den Augenwinkeln Naturaufnahmen anstatt Stadtlandschaften gesehen hatten.

> Durch die mehrfache Untersuchung derselben Fragestellung unter Anwendung unterschiedlicher Methoden haben wir die Erkenntnis, die wir aus dieser Forschung ziehen, auf eine relativ stabile Basis gestellt. Für mich persönlich steckt in dieser Forschungsgeschichte auch eine Erkenntnis zum Umgang mit mangelnder Wiederholbarkeit von und widersprüchlichen Studienergebnissen. Dies ist nicht immer ein Hinweis auf mangelnde wissenschaftliche Qualität, sondern häufig in der Komplexität der Zusammenhänge begründet. Ist die Studienlage also sehr vieldeutig, kann dies auf das Zusammenwirken unterschiedlicher Faktoren zurückzuführen sein, die beim Studiendesign nicht ausreichend berücksichtigt wurden. Somit ist keine Studie unnütz, und auch aus Negativbefunden können Erkenntnisse gewonnen werden. Das bedeutet aber auch, dass es immer aufwendiger wird, die Relevanz einer Studie richtig einzuschätzen, da eine differenzierte Bewertung der Methodik und ein Vergleich mit ähnlichen Arbeiten erforderlich ist.
>
> Es scheint also so zu sein, dass wir unsere kognitive Leistungsfähigkeit durch pflanzliches Grün unterstützen können. Der Effekt ist zwar nicht sehr groß, das Verfahren stellt jedoch eine einfache Methode dar, um durch minimale Veränderung unserer Lebensumwelt einen positiven Effekt zu erzielen.

Alle Studien zur Phytophilie haben gemeinsam, dass die Effekte lediglich auf einer subtilen Ebene erzielt wurden. In den meisten Studien waren sich die Probanden nicht einmal bewusst, dass Pflanzen als Umgebungsfaktoren vorhanden bzw. nicht vorhanden waren. Dieser beiläufige positive Effekt von Naturelementen ist dennoch ein Instrument zur Steigerung unseres allgemeinen Wohlbefindens.

Aber das ist noch lange nicht alles, was wir an positiven Auswirkungen von pflanzlichem Grün auf den Menschen kennen. Innerstädtische Begrünung wirkt sich auf unser soziales Miteinander aus. So erhöht Begrünung die Beliebtheit von öffentlichen Plätzen und stärkt das Sicherheitsgefühl – allerdings nur dann, wenn das Grün auch gepflegt wird und nicht vernachlässigt wirkt. Es gibt im Wienerischen diesen wunderschönen Ausdruck der **Gstätten**. Das ist ein Fleck Erde, um den sich niemand kümmert, wo ein Wildwuchs entsteht, also eine Grünfläche, die vernachlässigt und vereinsamt wirkt. Die Vernachlässigung dieses Grüns sendet, ähnlich wie Vandalismus, das soziale Signal, dass niemand Verantwortung übernimmt, und das bedeutet nichts Gutes für die Sicherheit. Ist Begrünung allerdings nicht ganz wild wachsend, kann sie Vandalismus reduzieren – in grüneren Bereichen finden wir ein geringeres Ausmaß an mutwilliger Zerstörung. Ob es sich um Graffiti handelt oder um andere Schäden, die mutwillig herbeigeführt werden, so sind diese eher in Gegenden zu finden, die bar jedes grünen Blättchens sind.

Innerstädtische Begrünung hat demnach einen ausgeprägten sozialen Effekt. Auch das Spiel von Kindern wird positiv beeinflusst, wenn Plätze begrünt sind: Die Umweltpsychologin Frances Kuo und ihre Mitarbeiter haben gezeigt, dass Kinder auf Schulhöfen mit pflanzlichem Grün prosozialer spielen und weniger Aggression auftritt. Gleiches gilt für das Funktionieren einer Nachbarschaft, das nachbarschaftliche Miteinander. In Siedlungen, in deren Nähe sich ein Park befindet, ist weniger Aggression zu beobachten.

Mitte des 19. Jahrhunderts war das Hauptargument für innerstädtische Begrünung die Sauerstoffproduktion. Als man herausfand, dass Menschen und Tiere Sauerstoff ein- und Kohlendioxid ausatmen, brach eine regelrechte Kohlendioxidpanik aus. Um die Menschen in Versammlungsräumen und Schulen sowie im dichten Stadtgebiet vor dem drohenden Erstickungstod zu retten, wurden Pflanzen und Bäume im Stadtdesign und in der Innenraumgestaltung populär. Erlasse von Schulbehörden verordneten Blattpflanzen in den Schulklassen, um die Versorgung der Schulkinder mit Sauerstoff sicherzustellen. Auch die Errichtung urbaner Alleen und Parkanlagen wurde mit dem Sauerstoffargument begründet. Dieses Argument wurde durch Untersuchungen der Luft in Wäldern jedoch zerschlagen: Es zeigte sich, dass an einem Sommertag die Kohlendioxidkonzentration im Wald höher war als in der freien Atmosphäre. Das ist darauf zurückzuführen, dass Pflanzen ja nicht nur Fotosynthese betreiben, bei der Sauerstoff frei wird, sondern auch Atmung, bei der sie Sauerstoff verbrauchen und Kohlendioxid erzeugen. Und diese Atmung erfolgt vor allem in der Nacht, aber auch in Stresssituationen, beispielsweise bei Hitzestress. Zudem ist der Wald Lebensraum für viele andere Organismen, die durch Atmung oder Gärungsprozesse Kohlendioxid erzeugen. Für die Vertreter besagter Gesundheitspolitik war dies ein schwerer Schlag, denn man wusste damals noch nicht um die weitreichenden positiven Auswirkungen von pflanzlichem Grün auf den Menschen.

Innerstädtische Bäume beeinflussen die physikalischen Eigenschaften des **Mikroklimas**: Die Luftqualität wird verbessert, und zwar mehr durch Regulation des Wasserhaushalts und Reduktion von Feinstaub als durch die Produktion von Sauerstoff. Die Bäume wirken sich auf das Stadtklima aus, indem sie die Extreme des Wetters abpuffern. So ist die Temperatur in grünarmen Stadtkernen meist um einige Grade höher als am Stadtrand. Pflanzliches Grün kann einen wichtigen Beitrag zur Reduzierung der städtischen Überhitzung leisten. Eine wichtige Rolle dabei spielen zum einen die Bäume, zum anderen aber auch die Dachbegrünung. Außerdem ist innerstädtische Begrünung ein in vielen Bereichen unverzichtbarer Windbrecher. Dank der Anatomie der Bäume wird der Wind nicht nur umgeleitet, sondern verlangsamt. Besonders in Windeinzugsgebieten mit geraden Straßenzügen sind Bäume unverzichtbar, um an windstarken Tagen diese Straßen für Fußgänger überhaupt nutzbar zu halten.

Unübertroffen sind Pflanzen in ihrer **Lärm dämmenden Wirkung**. Anders als sehr viele gebaute Lärmschutzmaßnahmen, die den Schall nur umlenken, statt ihn einzudämmen, lässt sich Lärm durch Pflanzen tatsächlich verringern. Schall breitet sich in einer Kugelwelle aus. Wenn man eine Schallschutzwand baut, wird die Ausbreitung dieser Kugelwelle entlang der Schallschutzwand verhindert. Am oberen Rand der Schallschutzwand breitet sich die Kugelwelle erneut aus, wenn auch mit reduzierter Schallenergie. Das bedeutet, dass eine Schallschutzwand in ihrem unmittelbaren Lärmschatten den besten Schutz bietet. Je weiter man sich von dieser Schallschutzwand entfernt, desto mehr ist man wieder dem Lärm ausgesetzt. Blätter von Pflanzen hingegen sind echte Schalldämmer: Wenn Schall auf ein Blatt trifft, wird dieses leicht in

Schwingung versetzt und dabei Schallenergie in Bewegungsenergie umgesetzt. Demzufolge ist der Schall, den die Blätter zurückwerfen, etwas gedämpfter. Bei einem Strauch oder Baum mit tausenden Blättern wird dieser Vorgang tausendfach wiederholt, und das führt zu einer messbaren Lärmreduzierung.

Pflanzliches Grün wirkt sich positiv auf die Gesundheit, das Wohlbefinden, die kognitive Leistung, das soziale Miteinander und das Mikroklima aus.

12

Wasser – das Elixir des Lebens

In der Savanne, dem Habitat unserer frühen Vorfahren, ist Wasser, neben den Pflanzen, die wichtigste, limitierende Ressource, von der alle Lebewesen abhängen. Die Verfügbarkeit von Wasser bestimmt, wie viele Pflanzen wachsen und wie viele Beutetiere sich davon ernähren können, und letztlich auch, wie viele Raubtiere.

Die äußerst hohe ökologische Validität von Wasser manifestiert sich demzufolge in unserem Wahrnehmungs- und Kognitionsapparat als Aqua- oder Hydrophilie. Diese **Aquaphilie** äußert sich ähnlich der Biophilie auch heute noch in einer spontanen positiven emotionalen Reaktion auf Wasser. Bewegtes Wasser löst stärkere Reaktionen aus als stehende Gewässer. Das könnte darauf zurückzuführen sein, dass stehende Gewässer meist eine höhere Parasitenbelastung aufweisen als fließende. Die geringere Wasserqualität von stehenden Gewässern macht diese als Trinkwasserquellen weniger attraktiv. Zahlreiche Studien haben aufgezeigt, dass Aquaphilie beim modernen Menschen stark ausgeprägt ist und Wasser eine Reihe von positiven Reaktionen hervorrufen kann.

Wenn man beispielsweise in einem Einkaufszentrum einen Brunnen aufstellt, wirkt sich dieser auf das Verhalten der Passanten aus. Er beeinflusst sowohl das Explorations- als auch das Sozialverhalten. In einem Einkaufszentrum ist die Reizdichte sehr hoch – die einzelnen Geschäfte konkurrieren um die Aufmerksamkeit der Passanten – und das führt zu einer Überlastung des kognitiven Apparates. Das Einbringen von Naturelementen wirkt dieser Überlastung entgegen. Während eine Umgebung mit zu hoher Reizdichte eine Art Fluchtreflex auslöst, beruhigt das Einbringen von Naturelementen und Wasser die Szenerie, was wieder Kapazitäten für soziale Interaktionen freisetzt.

Der Verhaltensbiologe Bernhard Tischler hat in einer Studie in der SCS (einem großen Shoppingcenter in Wien) untersucht, wie sich das Verhalten von Passanten durch Veränderung der Umgebungsbedingungen beeinflussen lässt. Diese Bedingungen waren a) ein Brunnen ohne Wasser, b) der Brunnen gefüllt, aber nicht in Betrieb und c) der Brunnen in Betrieb, also bewegtes Wasser. Es zeigte sich, dass soziale Interaktionen von a) nach c) zunahmen – die Menschen redeten mehr miteinander, berührten sich öfter, lachten mehr. Auch trat von a) nach c) zunehmend Explorationsverhalten auf – die Menschen verweilten länger in der Nähe des Brunnens, näherten sich dem Brunnen mehr und berührten ihn öfter. Insgesamt kann man sagen, dass die Beliebtheit von öffentlichen

Plätzen in der Stadt durch das Vorhandensein von Brunnen signifikant erhöht wird.

Für das urbane Design sind Brunnen demzufolge eines der wichtigsten Gestaltungselemente, im Zusammenspiel mit Wasser. Auch bei der Gestaltung von Produkten wird die in unserer Evolutionsgeschichte angelegte Vorliebe für Wasser ausgenutzt. Wir nehmen Eigenschaften, die mit Wasser assoziiert sind, als attraktiv wahr. Dass sich Wasseroberflächen und nasse Objekte durch Glanz und Glitzern auszeichnen, erklärt vielleicht unser Faible für glänzende Objekte. Schon Kleinkinder essen von glänzenden Tellern mehr als von matten Tellern. Ob auch die Attraktivität von glänzendem Schmuck darauf zurückzuführen ist, dass dieser an Nässe erinnert, oder ob das andere Gründe hat, bleibt unklar.

Wasser war überlebensnotwendig in der Savanne und ist deshalb auch heute noch besonders beliebt.

13

Faszination der Gefahr

Wir reagieren somit nicht nur auf die Gesamtheit von überlebensrelevanten Elementen, also auf ganze Pflanzen oder eine sprudelnde Quelle, sondern auch auf einzelne Eigenschaften, die typisch für diese Elemente sind. Für Pflanzen wäre das beispielsweise die Farbe Grün oder aber auch die fraktale Dimension. Beim Wasser ist es das Glänzende, Glitzernde, das im Laufe unserer Evolutionsgeschichte ausreichend verlässlich auf Wasser hindeutete und so unsere Vorliebe für glänzende Objekte in unserem Wahrnehmungs- und Kognitionsapparat verankert hat. Diese Strategie ist gleichermaßen effizient und effektiv. Was wäre, wenn diese Form der Abstraktion nicht erfolgte, also jedes Element vollständig vorhanden sein müsste? Im Falle eines Tigers, der sich hinter einem Felsen versteckt, sodass nur seine Ohren zu sehen sind, bedeutet die Abstraktion, dass wir die fehlenden Teile quasi ergänzen und alleine aufgrund der Ohren annehmen, dass sich da ein Tiger versteckt. Hätten wir diese Fähigkeit nicht, würden wir den Tiger erst erkennen, wenn er hinter dem Felsen hervorkäme, um uns anzugreifen, und es damit für eine Flucht zu spät wäre. Zudem ist es viel effizienter und einfacher, abstrahierte Eigenschaften im Wahrnehmungsapparat zu verankern.

Muster, die auf Gefahren hinweisen, zählen zu den abstrahierten Eigenschaften, die sich im Laufe unserer Evolutionsgeschichte in unserer Wahrnehmung verankert haben. Ein **Mosaikmuster**, oder Tessellation, erinnert an die Hautschuppen von Reptilien. Schlangen bedeuteten in der Savanne Lebensgefahr, und deshalb war es für unsere Vorfahren äußerst wichtig, diese verlässlich zu erkennen, um einen giftigen Schlangenbiss zu vermeiden. Deshalb lösen Schlangenmuster eine gesteigerte Erregung, sowie erhöhte Aufmerksamkeit in uns aus. Diese gesteigerte Erregung ist eine notwendige Voraussetzung für die rasche Entscheidung in gefährlichen Situationen, ob eine Angriffs- oder Fluchtreaktion angezeigt ist.

Auch große Raubtiere waren in der Umgebung der evolutionären Angepasstheit eine reale Gefahr. Demzufolge rufen **Leopardenmuster** ähnliche physiologische und emotionale Reaktionen hervor wie Schlangenmuster – sie erhöhen unsere Aufmerksamkeit und wecken Interesse. Diese auf Überlebensrelevanz zurückzuführende Reaktion wird heute ebenfalls im Design ausgenutzt. Man setzt die Muster, etwa in der Mode, dazu ein, um auffällige Strukturen zu generieren und so Faszination zu erzeugen. Wie unwillkürlich diese Reaktionen sind, beweist eine Studie des Psychologen Richard Coss: Bereits Kleinkinder zeigen spezifische Reaktionen auf entsprechende Muster. So reagieren sie jeweils anders, wenn man ihnen unterschiedlich gemusterte Glasgefäße präsentiert. Handelt es sich bei den Gläsern um ein einfarbiges, ein kariertes, eines mit Leopardenmuster und eines mit Schlangenmuster, so nimmt die Vorsicht, mit der sich die Kinder diesen Gefäßen annähern, stetig zu. Je größer die mit einem Muster assoziierte Gefahr ist, desto häufiger stupsen die Kinder das Gefäß an, um sicherzustellen, dass es sich nicht bewegt, also nicht lebt, bevor sie es richtig in die Hand nehmen.

Aber nicht nur bestimmte Muster werden mit Gefahren assoziiert, sondern auch Formen. Scharfe Spitzen und Kanten bergen Verletzungsgefahr. Und auch hier lässt sich beobachten, dass **scharfe Spitzen** unsere Aufmerksamkeit erregen und unseren Erregungszustand insgesamt steigern. Das führt dazu, dass Zickzacklinien eine Pupillenerweiterung bewirken, kurvige Linien jedoch nicht. Die Pupillenerweiterung ist ein Maß für die physiologische Erregung. Auch hier hat sich die Überlebensrelevanz in der Wahrnehmung niedergeschlagen, und deshalb finden wir spitze Formen attraktiv. Die Faszination von Gefahr bewegt uns dazu, uns spitzen Formen anzunähern, um sie genauer zu untersuchen.

Diese Faszination ist jedoch nur eine Komponente der Evolutionären Ästhetik – diese betrifft auch noch andere Aspekte, die im Laufe unserer Evolutionsgeschichte eine Rolle gespielt haben.

Muster und Formen, die auf Gefahren hinweisen, sind attraktiv, weil unser Gehirn an die Verarbeitung solcher Reize angepasst ist.

14

Gesichter immer und überall

Gesichter spielen in unserer Wahrnehmung eine ganz zentrale Rolle, weil sie in unserer Evolutionsgeschichte eindeutig mit Akteuren assoziiert waren. Etwas, das ein Gesicht hatte, war mit sehr hoher Wahrscheinlichkeit ein Tier oder ein Mensch mit der Fähigkeit, selbst zu agieren. Die Fähigkeit, Akteure von Nicht-Akteuren zu unterscheiden, bringt immense Überlebensvorteile mit sich. Da nur von Akteuren eigenmotivierte Aktionen zu erwarten sind, wecken sie Aufmerksamkeit, weil man ihre möglicherweise erfolgenden Aktionen beobachten will. Ein Lebewesen, das Akteure entdecken kann, ist in der Lage, zeitgerecht auf diese Aktionen zu reagieren. Dieser Vorteil ist so gewaltig, dass wir gewissermaßen eine Obsession entwickelt haben und dazu tendieren, Gesichter immer und überall wahrzunehmen, also auch da, wo gar keine sind. Wir sehen Gesichter in Wolkenformationen am Himmel oder in irgendwelchen abstrakten Punktwolken. Wir sehen Gesichter in Smileys. Wir sehen Gesichter in abstrakten Kunstobjekten. Oder auch in Nutzobjekten wie Autos.

Hier ist somit **Fehlermanagement** angezeigt. Dies ist immer dann der Fall, wenn man eine unbekannte Situation einschätzen muss, was stets mit einer bestimmten Fehlerquote einhergeht. Das heißt, die Wahrscheinlichkeit, dass man falsch liegt, ist immer größer als null. Es sind verschiedene Fehler möglich, die mit unterschiedlich schwerwiegenden Konsequenzen verbunden sind. Fehlermanagement bezieht sich auf die Modulation des Entscheidungssystems, sodass die schwerwiegenden Fehler seltener begangen werden – allerdings auf Kosten einer erhöhten Häufigkeit der Fehler, die geringfügigere Konsequenzen haben.

Das bekannteste Beispiel zum Fehlermanagement ist wohl der Feuermelder. Die Konstrukteure von Feuermeldern stehen vor dem Dilemma, dass es unmöglich ist, einen perfekten Feuermelder zu bauen, also einen, der bei jedem Feuer losgeht und zugleich keinen einzigen Fehlalarm auslöst. Anders gesagt: Es drohen einerseits falsch positive Ergebnisse (ein Fehlalarm, bei dem ein Alarm ausgelöst wird, obwohl es nicht brennt) und andererseits falsch negative Ergebnisse (das Ausbleiben eines Alarms bei einem Brand). Nun steht der Konstrukteur vor der Entscheidung, entweder einen Feuermelder zu bauen, der so sensitiv ist, dass er jedes Feuer entdeckt, jedoch zu dem Preis, dass es manchmal einen Fehlalarm gibt. Oder er konstruiert einen Feuermelder, der immer nur dann losgeht, wenn es auch sicher ein Feuer gibt, allerdings zu dem Preis, dass ihm ab und zu ein Feuer entgeht. Dieses Beispiel illustriert eingängig, dass Fehler verschiedener Art mit unterschiedlich schwerwiegenden Konsequenzen verbunden sind: Die Kosten eines Fehlalarms sind die Kosten, die mit der Räumung eines Gebäudes verbunden sind – der Verlust von Arbeitszeit und die Unannehmlichkeiten. Die Kosten des ausbleibenden Alarms hingegen sind substanziell höher – hier kann es zur Zerstörung kostbarer Ausstattung, gesundheitlichen Folgen für die Menschen im Gebäude oder gar zum Verlust von Menschenleben kommen. Aufgrund dieser Asymmetrie liegt auf der Hand, welche Richtung das Fehlermanagement bei der Konstruktion von Feuermeldern einschlagen wird: Man entscheidet sich für einen Feuermelder, der ganz sicher jedes Feuer entdeckt, und nimmt dafür in Kauf, dass es Fehlalarme geben wird (Abb. 14.1).

Abb. 14.1 Fehlermanagement resultiert aus der Notwendigkeit, Entscheidungen in Situationen mit Unbekannten zu treffen. Es bevorzugt diejenigen Fehler, die mit geringeren Kosten verbunden sind. So nehmen wir Gesichter auch dort wahr, wo gar keine sind, z. B. in Wolken

Fehlermanagement ist ein Entscheidungsmechanismus, der in unserem Wahrnehmungs- und Kognitionsapparat verankert ist. Er ermöglicht uns, auch in evolutionär und individuell neuen Situationen Entscheidungen zu treffen und meist schwerwiegende Konsequenzen zu vermeiden. Dieser Entscheidungsalgorithmus ist im Laufe unserer Evolutionsgeschichte entstanden, um mit unbekannten Problemen umgehen zu können. Bei der Wahrnehmung von Gesichtern ist das falsch positive Ergebnis, also die Wahrnehmung eines Gesichtes in Strukturen, die kein Gesicht darstellen, mit vernachlässigbaren Kosten verbunden. Das falsch negative Ergebnis, also das Nichtentdecken eines Gesichtes und somit eines Akteurs, wiegt hingegen um einiges schwerer: Es könnte uns ein Räuber entgehen, der deshalb den Vorteil hat, sich besser anschleichen zu können, sodass wir keine Chance haben, rechtzeitig davonzulaufen. Die Konsequenz dieser asymmetrischen Kostenverteilung ist eine Überwahrnehmung von Gesichtern.

Diese Überwahrnehmung macht nicht halt beim einfachen Wahrnehmen von Gesichtern, sondern reicht weiter bis zur **Zuschreibung von Emotionen und Eigenschaften.** Dass das bereits bei schematischen Gesichtern sehr gut funktioniert, zeigt die Omnipräsenz von Smileys und Emoticons, die verwendet werden, um Emotionen auszudrücken. Emoticons sind entstanden, um Kommunikationsformen wie Chats oder E-Mails einerseits effizienter zu gestalten – es bedarf vieler Worte, um das auszudrücken, was ein Smiley sagt –, andererseits aber auch, um ihnen Tiefe zu verleihen, indem man eine emotionale Komponente hinzufügt. Ausgehend von ☺ und ☹ hat sich bis heute eine Vielzahl an Emoticons entwickelt. Ursprünglich waren die Gesichter noch gekippt und aus den unveränderten Satzzeichen Doppelpunkt und Klammer zusammengesetzt. Selbst in dieser Orientierung war eine Zuordnung von Emotionen eindeutig möglich. Die aktuelle Textverarbeitungs- und Kommunikationssoftware übersetzt diese Zeichenfolge automatisch in aufrechte Gesichter. Die Abstraktion des Gefühlsausdruckes, die Emoticons auszeichnet, erleichtert es dem Betrachter, dem Symbol die intendierte Emotion zuzuschreiben. Deshalb werden diese auch in Kontrollstationen eingesetzt, um effizienter zu kommunizieren. Der lachende Smiley signalisiert, dass die Parameter normgerecht sind; sobald es zu einer Abweichung kommt, ändert sich der Gesichtsausdruck. Es hat sich gezeigt, dass derlei emotionale Signale besser wahrgenommen werden als leuchtende Warnsignale (Abb. 14.2).

Neben Emotionen schreiben wir Gesichtern auch andere Eigenschaften zu. Einblicke dazu liefert Forschung zur Einschätzung von Autofronten, in denen wir auch häufig Gesichter sehen. Die Augenbewegungen beim Betrachten von Gesichtern und Autofronten sind sehr ähnlich. Wir nehmen die Scheinwerfer als Augen wahr, den Kühlergrill als Schnauze mit Nase und Mund, die Rückspiegel als Ohren und die Windschutzscheibe als Stirn. Doch darüber hinaus schreiben wir den „Autogesichtern" auch Persönlichkeitseigenschaften zu. Diese Zuschreibung erfolgt nicht zufällig, sondern beruht auf Formeigenschaften und Proportionen. Bei Autofronten lässt sie sich zu einem großen Teil anhand der Formveränderungen von einem Mini zu einem Alfa erklären, die in groben Zügen mit der Veränderung eines Kindergesichtes zu einem Männergesicht vergleichbar sind. So erscheint

Abb. 14.2 Die Evolution von Emoticons und Emojis zeigt, wie die Integration von emotionalen Signalen textbasierte Kommunikation effizienter machen kann. (© MuchMania/iStock)

das „Gesicht" bei einem Mini kleiner und kompakter, die Augen sind relativ groß und rund. Dagegen ist das Alfa-„Gesicht" breiter und kantiger und hat schmale Augen. Entsprechend dieser Formunterschiede entlang der Mini-Alfa-Achse erfolgt die Zuweisung bestimmter Emotionen und Persönlichkeitseigenschaften: Diejenigen Fronten, die eher dem Mini ähneln, empfindet man als kindlich, lieb und freundlich, während Autofronten, die in ihrer Form eher einem Alfa gleichen, als männlich, dominant und aggressiv wahrgenommen werden (Abb. 14.3).

Die Zuschreibung von Persönlichkeitseigenschaften und Emotionen ist deshalb von besonderer Bedeutung, weil beide die **individuellen Verhaltenstendenzen** beeinflussen. Ist man in der Lage, den emotionalen Zustand des Gegenübers korrekt einzuschätzen, erhöht sich die Wahrscheinlichkeit immens, dass man auch künftiges Verhalten richtig vorhersieht. Verlässliche Vorhersagen über das Verhalten anderer Akteure wiederum ermöglichen uns, das eigene Verhalten entsprechend zu planen und besser auf unser Gegenüber abzustimmen. Persönlichkeitseigenschaften gekoppelt

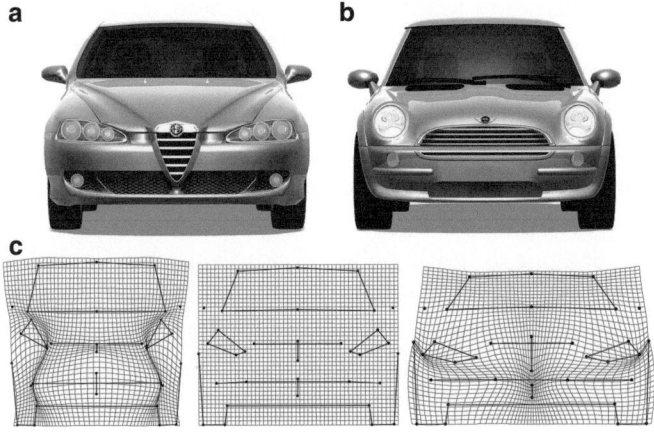

Abb. 14.3 Wir schreiben Autofronten in Abhängigkeit von ihren Formeigenschaften Persönlichkeitseigenschaften zu (**a, b**). (**c**) Dargestellt ist der Formzusammenhang mit der Persönlichkeitsdimension „Power": *links* gering, *Mitte* Durchschnitt, *rechts* hoch. (c aus © Windhager et al. 2008)

mit Emotionen helfen uns bei der Einschätzung, ob wir es mit einem vielversprechenden Sozialpartner oder aber mit jemandem zu tun haben, den wir eher meiden sollten. Somit war die Fähigkeit, die Verhaltenstendenzen anderer Akteure korrekt zu bewerten, für unsere äußerst sozial ausgerichteten Vorfahren ein beträchtlicher Überlebensvorteil.

Es bedarf jedoch nicht immer eines ganzen Gesichtes – echt oder schematisch –, um uns aufzufallen. Bereits an **Augen** erinnernde Muster führen zu physiologischen Reaktionen. Augen sind ein wichtiges Merkmal von Gesichtern und können selbst Träger von emotionaler Information sein. Augen und Augenmuster beeinflussen auf einer sehr subtilen Ebene das Verhalten des Menschen. Diesen Effekt nutzt man beispielsweise bei rituellen Gewändern und Masken. Wenn Augenmuster in Geschäften platziert werden, sinkt die Häufigkeit von Ladendiebstählen, weil die schematischen Augen bewirken, dass man sich beobachtet fühlt und deshalb sozial unerwünschtes Verhalten nicht zeigt. Das funktioniert unter Umständen sogar besser als das Vorhandensein von echten Überwachungskameras. Diese sind teuer in der Anschaffung und erfordern einen relativ hohen Personalaufwand. Gut sichtbare Kameras sollen darüber hinaus auch einen Abschreckungseffekt haben und bewirken, dass unerwünschtes Verhalten nicht gezeigt wird. Dies zielt auf eine bewusste Kontrolle des Verhaltens ab, die meist weniger gut funktioniert als eine unbewusste. Demzufolge ist anzunehmen, dass Augenmuster in der Abschreckung effektiver sind als Kameras.

Durch schematische Augen oder schematische Gesichter generieren wir gewissermaßen eine **pseudosoziale**

Situation. Aufgrund unserer Überwahrnehmung von Gesichtern und Akteuren verschieben sich unsere Verhaltenstendenzen so, als ob tatsächlich jemand da wäre. Solche pseudosozialen Situationen verstärken sozial erwünschtes Verhalten. In einer Kaffeeküche, wo die Kaffeekasse sehr informell gehandhabt wurde und man auf die Ehrlichkeit der Kaffeetrinker baute, stellte sich heraus, dass es offensichtlich Personen gab, die dieses System ausnutzten, da der Betrag in der Kaffeekasse nicht mit dem konsumierten Kaffee übereinstimmte. Man brachte unterschiedliche Bilder am Kühlschrank an und beobachtete, wie sich dies auf den Inhalt der Kaffeekasse auswirkte. Diejenigen Bilder, die eine pseudosoziale Situation schufen, wie Gesichter und Augenmuster, riefen ein verändertes Verhalten hervor – es fand sich mehr Geld in der Kaffeekasse als bei Bildern ohne soziale Konnotation. Diese Studie von der Verhaltensforscherin Melissa Bateson und Kollegen zeigt auf, wie sich mit einfachen Mitteln sozial erwünschtes Verhalten verstärken lässt.

Unser Gesichtswahrnehmungssystem ist hyperaktiv, um alle Akteure sicher zu entdecken. Wir schreiben gesichtsähnlichen Strukturen auch Emotionen und Persönlichkeitseigenschaften zu, um Vorhersagen über das Verhalten der Träger zu treffen.

15

Gemeinsam sind wir stark

Homo urbanus ist ein Produkt seiner Evolutionsgeschichte und wurde geformt von der Umgebung der evolutionären Angepasstheit. Diese konstituiert sich zum einen aus den ökologischen und physischen Eigenschaften der Savanne und zum anderen aus den sozialen Rahmenbedingungen, die über eine lange Zeit unserer Entwicklung herrschten. Soziale Faktoren sind nicht unabhängig von den ökologischen Rahmenbedingungen, sie beruhen vielmehr auf der Art der Sozialsysteme, die in einem Habitat existieren können. Unsere **Sozialbeziehungen** wurden durch das Verlassen des Waldhabitats vor eine neue Herausforderung gestellt. Das Leben in der Savanne machte es erforderlich, dass sich unsere Vorfahren zu größeren Gruppen zusammenschlossen. Dies führte zur Entwicklung sozialer Fähigkeiten sowie eines größeren **kognitiven Leistungsvermögens.**

Beides, sowohl die physikalischen als auch die sozialen Faktoren, die unsere Umgebung der evolutionären Angepasstheit ausmachten, haben unseren Wahrnehmungsapparat, unseren kognitiven Apparat, unser emotionales Funktionieren und unser Verhalten geformt. Viele Aspekte der Anatomie, der Physiologie und des Verhaltens des Menschen sind demzufolge für den Umgang mit der Umgebung der evolutionären Angepasstheit optimiert. Hierbei handelt es sich jedoch nicht um ein eingeschränktes Spezialistentum; vielmehr hat sich bei der Evolution der Linie Homo die Flexibilität als dominantes Muster durchgesetzt. Mit dem Schaffen vieler Verhaltensoptionen und der Steigerung der Flexibilität auch durch kulturelle Innovationen ist es uns gelungen, von einer rein reaktiven Rolle in eine gestalterische zu wechseln. Wir sind nicht mehr nur darauf beschränkt, möglichst passende Antworten auf die jeweiligen Umweltbedingungen zu finden, sondern dazu übergegangen, unsere physikalische und soziale Umwelt zu kontrollieren und zu modifizieren. Dadurch haben wir in einer Weise auf unsere Selektionsbedingungen eingewirkt, die die Existenz des *Homo urbanus* überhaupt erst ermöglicht hat.

Der Zusammenschluss in größeren Gruppen war ein kritischer Faktor unserer Evolutionsgeschichte, der unsere weitere Entwicklung massiv beeinflusst hat. Die Gruppengröße entsteht nicht zufällig, sondern als Funktion von Kosten- und Nutzenfaktoren, die vom jeweiligen Habitat abhängen. Gegenüber dem Waldhabitat bot das Savannenhabitat Bedingungen, die für größere Gruppen einen **Selektionsvorteil** darstellten.

Das Gruppenleben an sich bringt eine Reihe von Vor- und Nachteilen mit sich. Die Notwendigkeit, mit anderen

Individuen auf engem Raum zusammenzuleben und mit ihnen zu interagieren, bedeutet Herausforderungen, die durch Vorzüge aufgewogen werden müssen. Einer der bestuntersuchten Pluspunkte des Gruppenlebens ist die Minderung des **Raubfeinddruckes:** Wenn die Gefahr, Raubfeinden zum Opfer zu fallen, hoch ist, sind gruppenlebende Arten gegenüber Einzelgängern im Vorteil. Die Minimierung des Raubfeinddruckes beruht auf mehreren Mechanismen. Der Zusammenschluss in Gruppen erhöht die Wahrscheinlichkeit, dass ein Räuber frühzeitig erkannt wird, sodass man rechtzeitig die Flucht ergreifen kann. Diese geteilte Wachsamkeit kann ein passives Resultat des Gruppenlebens sein oder aktiv durch Rollenverteilung erfolgen.

Herden unseres heimischen Rotwildes demonstrieren die positiven Effekte des Gruppenlebens auf die Früherkennung von Raubfeinden in der passivsten Ausprägung. Diese beruht schlicht darauf, dass mehr Augen mehr sehen. Jedes Mitglied der Herde wendet einen Teil seiner Zeit dafür auf, die Umgebung zu überwachen; dieses Verhalten nennt man „Sichern". Sobald ein Individuum einen Raubfeind entdeckt, ergreift es die Flucht, wodurch die anderen Herdenmitglieder gewarnt werden. Im Sinne eines guten Fehlermanagements laufen sie immer dann, wenn ein Herdenmitglied flüchtet, ebenfalls davon und können so Räubern entkommen, die sie selbst noch gar nicht entdeckt haben. In ritualisierteren Verbänden übernehmen abwechselnd einzelne Individuen die Rolle der Wächter und geben so anderen Gruppenmitgliedern die Freiheit, sich in Ruhe anderen Aktivitäten zu widmen. Diese Rollenverteilung optimiert das Zeitbudget aller Gruppenmitglieder und macht ein Multitasking überflüssig.

Wächter bedienen sich spezifischer Warnrufe, um den anderen Gruppenmitgliedern die Anwesenheit von Räubern mitzuteilen. Diese Warnrufe können sowohl in Systemen mit designierten Wächtern als auch in Gruppen mit geteilter Wachsamkeit vorkommen. Sie werden nicht unwillkürlich und reflexhaft eingesetzt, sondern als kommunikative Signale. Ein Tier produziert einen Warnruf nicht automatisch immer, wenn ein Raubfeind gesichtet wird, sondern abhängig davon, wer diesen Warnruf hören kann. Das Produzieren von Warnrufen ist nicht ungefährlich, da diese nicht nur von anderen Gruppenmitgliedern, sondern auch von den Raubfeinden wahrgenommen werden und so das warnende Individuum ins Zentrum der Aufmerksamkeit des Räubers rücken. Deshalb rufen Tiere nur dann, wenn sie von Mitgliedern eines wechselseitigen Unterstützungsnetzwerkes oder Familienmitgliedern zu hören sind.

Durch den Zusammenschluss in Gruppen eröffnet sich eine neue Möglichkeit, mit Räubern umzugehen. Während ein auf sich allein stehendes Individuum einem Raubfeind gegenüber hilflos ausgeliefert ist und nur hoffen kann, durch Flucht zu entkommen, kann eine Gruppe sich aktiv gegen Räuber wehren. Es kommt immer wieder vor, dass sich zum Beispiel Tauben oder Mauersegler zusammentun, um etwa einem Turmfalken die Stirn zu bieten. Sowohl für den Einsatz von Warnrufen als auch für die gemeinsame Verteidigung ist echtes Gruppenleben die Voraussetzung, also ein Sozialverband, in dem die einzelnen Individuen sich kennen und individuelle Beziehungen gepflegt werden.

Neben diesen echten Gruppen können auch anonyme Verbände wie Herden und Schwärme den Raubdruck reduzieren, allerdings auf der Basis von anderen Mechanismen. Der Verdünnungseffekt besteht darin, dass selten der ganze Verband einem Angriff von Raubfeinden zum Opfer fällt, sondern meist nur ein oder wenige Individuen. Demzufolge ist die Wahrscheinlichkeit, dass ein bestimmtes Individuum gefressen wird, eine Funktion der Größe des Verbandes: Je mehr Individuen zusammenleben, desto geringer ist die Wahrscheinlichkeit für den Einzelnen, dem Räuber zum Opfer zu fallen, selbst wenn dieser erfolgreich jagt. Um eben diesen Jagderfolg zu reduzieren, zeigen Schwärme spezifisches Verhalten, um den Räuber daran zu hindern, sich auf ein bestimmtes Beutetier zu konzentrieren, und so die Trefferquote zu reduzieren. Der so generierte Verwirrungseffekt baut darauf, dass Jäger ein Beutetier isolieren, um dieses zu erlegen – weil das Schwarmverhalten dem Räuber dies unmöglich macht, geht er leer aus.

Der Zusammenschluss in größeren Verbänden erfolgt also in erster Linie, um den Raubfeinden zu entgehen, bringt aber zugleich einen massiven Nachteil gegenüber Räubern mit sich: Eine Gruppe von Individuen ist immer auffälliger als Einzelgänger. Wenn mehrere Individuen zusammen sind, werden mehr Geräusche produziert – durch Fortbewegung, Fressen, aber auch Kommunikation – und die Gruppe ist auch visuell auffälliger. Dieser Nachteil wird aber meist durch die Vorteile aufgewogen, sodass die Tendenz zum Zusammenschluss zu Gruppen bei den meisten Tierarten überwiegt. Ein weiterer Nachteil entsteht durch die physische Nähe zwischen den Individuen einer Gruppe. Dadurch wird es Parasiten erleichtert, sich zu vermehren, und Krankheiten können sich in eng zusammenlebenden Sozialverbänden leichter ausbreiten als unter Einzelgängern.

Sofern es die Ressourcenverfügbarkeit zulässt, ist das Gruppenleben ein wirksamer Schutz gegen Raubfeinde.

16

Die Komplexität des Gruppenlebens

Ob sich Individuen überhaupt zu Gruppen zusammenschließen können, hängt vom Nahrungsangebot, also von der **Ressourcenverteilung,** ab. Nur wenn ausreichend Ressourcen vorhanden sind, um alle zu versorgen, kann eine Gruppe entstehen. Die Savanne ist gekennzeichnet durch eine ausreichende Verfügbarkeit von Nahrungsressourcen kombiniert mit einem ausgeprägten Raubfeinddruck, sodass der Zusammenschluss in großen Gruppen außerordentliche Vorteile brachte. Somit ist die Ressourcenverteilung die ökologische Basis für das Entstehen von Sozialsystemen. In erster Linie hängt die Verteilung der Weibchen im Raum von der Ressourcenverfügbarkeit ab: Sind Ressourcen eher rar und gleichmäßig verteilt, können nicht mehrere Individuen an einem Ort ausreichend versorgt werden, und es kommt zum Einzelgängertum. Sind hingegen ausreichend Ressourcen vorhanden, werden sich

Individuen zu Gruppen zusammenschließen. Die Verteilung der Männchen hängt in weiterer Folge von der Verteilung der Weibchen ab. Je nachdem, ob Männchen ein oder mehrere Weibchen für sich monopolisieren können oder nicht, entstehen unterschiedliche Paarungs- und Sozialsysteme.

Bei Ressourcenknappheit leben Weibchen als Einzelgängerinnen mit ihrem subadulten Nachwuchs zusammen. Gelingt es einem Männchen, mehrere Weibchen zu monopolisieren, entsteht ein **polygynes System,** und wenn nicht, ein **monogames.** Erlauben es ausreichende Ressourcen, dass die Weibchen sich zu Gruppen zusammenschließen, und ein Männchen kann eine Gruppe für sich monopolisieren, entsteht ein polygynes System. Misslingt der Monopolisierungsversuch eines Männchens, kommt es zu **Promiskuität. Polyandrie** ist ein sehr selten vorkommendes Paarungssystem, in dem ein Weibchen sich mit mehreren Männchen paart; dieses System findet sich ausschließlich in Extremhabitaten mit ausgeprägter Ressourcenknappheit.

Gruppengröße und Gruppenform ergeben sich also aus der Ressourcenverfügbarkeit und dem Raubfeinddruck als zentralen Kosten- und Nutzenfaktoren. Der massive Raubfeinddruck, dem unsere Vorfahren in der Savanne ausgesetzt waren, führte zum Zusammenschluss in größeren Gruppen, der durch ausreichend vorhandene Ressourcen ermöglicht wurde. Das rasante Wachstum der Gruppengröße brachte neue kognitive Herausforderungen mit sich. Da es sich bei den Sozialverbänden der menschlichen Vorfahren um echte Gruppen und nicht um anonyme Verbände handelte, nahm die **Komplexität**

des sozialen Umfeldes stark zu, da diese nicht linear, sondern exponentiell mit zunehmender Gruppengröße ansteigt. Dies ist darauf zurückzuführen, dass es in einer Gruppe nicht genügt, die eigenen Beziehungen zu allen Gruppenmitgliedern zu verstehen und kognitiv zu verwalten. Vielmehr gehen auch alle anderen Beziehungen in das vernetzte Sozialsystem mit ein. Das bedeutet, dass in einer Gruppe von 7 Individuen 21 dyadische Beziehungen bestehen, während eine Gruppe von 8 Individuen bereits 28 solcher Verbindungen aufweist. Hinzu kommt, dass Sozialbeziehungen zeitlich dynamisch sind, also ihre Qualität verändern können (Abb. 16.1).

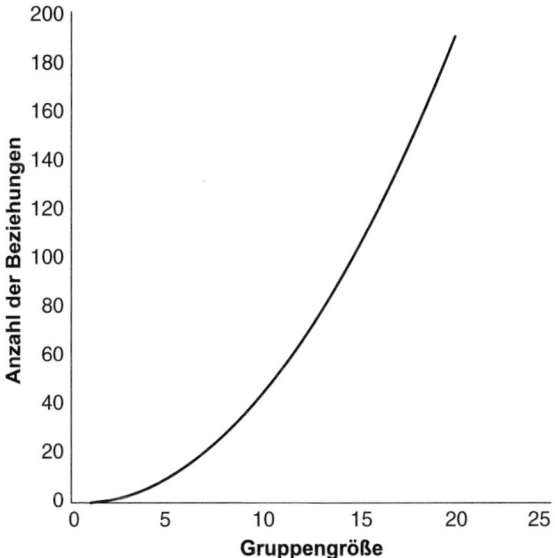

Abb. 16.1 Soziale Komplexität steigt überproportional mit der Gruppengröße. Die Anzahl der Beziehungen r verhält sich zur Gruppengröße n wie folgt: $r = n(n-1)/2$

16 Die Komplexität des Gruppenlebens

Diese Explosion der sozialen Komplexität aufgrund zunehmender Gruppengröße wird als eine der Haupttriebfedern für die Evolution der Intelligenz der Gattung Homo angesehen. Die Überlegung, dass unser Gehirn ein soziales Gehirn ist und die sozialen Herausforderungen die Evolution der Intelligenz maßgeblich beeinflusst haben, geht auf den Psychologen und Anthropologen Robin Dunbar zurück. Bei der Untersuchung von unterschiedlichen Primatenarten beobachtete er einen Zusammenhang zwischen der Gruppengröße und der Größe des Gehirns. Dabei arbeitete er jedoch nicht mit absoluter Gehirngröße, weil große Tiere natürlich größere Gehirne haben und dies keine Aussage über die Intelligenz eines Tieres zulässt. Folgende Maßzahlen kontrollieren für diesen Effekt und sind deshalb besser geeignet, um die kognitive Kapazität einzuschätzen: Das relative Gehirngewicht ist der Quotient aus dem Gewicht des Gehirns und dem Gesamtgewicht des Organismus. Entscheidend ist jedoch der Quotient aus dem Volumen des Neocortex und dem Volumen des Restgehirns (*neocortex ratio* oder **Neocortexverhältnis**). Robin Dunbar korrelierte dieses Verhältnis mit der Gruppengröße von verschiedenen Primatenarten und fand folgenden Zusammenhang: Je mehr Individuen die typische Gruppengröße einer Art umfasst, desto höher ist das Neocortexverhältnis. Extrapoliert man diesen Zusammenhang auf das Neocortexverhältnis des Menschen, ergibt sich eine Gruppengröße von 147,8 Individuen als typisch. 147,8 Individuen sind zwar weit entfernt von heutigen Millionenstädten, dennoch stellt diese Gruppengröße andere Primatenarten weit in den Schatten.

16 Die Komplexität des Gruppenlebens

Robin Dunbars Überlegungen gingen den Herausforderungen des Gruppenlebens weiter nach. Eine Gruppe setzt sich zusammen aus sogenannten **primären Netzwerken,** also Kleingruppen, die nachhaltig reziproke Unterstützungssysteme, oder Freundeskreise, darstellen. Die Sozialbeziehungen müssen nicht nur aufgebaut, sondern auch gepflegt werden. Während gegenseitige Unterstützung eine zentrale Funktion dieser Freundschaften ist, genügt diese nicht, um die soziale Bindung aufrechtzuerhalten. Andere Primatenarten bedienen sich der **sozialen Fellpflege,** um ihre sozialen Bande zu formen und zu stärken. Sie dient also nicht nur dem unmittelbaren Zweck, sich gegenseitig Parasiten aus dem Fell zu entfernen – besonders an Stellen, die man selbst schlecht erreichen kann. Als Nebenprodukt, das sich mittlerweile zu einem Haupteffekt entwickelt hat, schütten bei diesem Vorgang die beiden Individuen Hormone aus, die sich positiv auf die Sozialbeziehung auswirken. Dabei handelt es sich zum einen um Glücks- und zum anderen um Bindungshormone. Das bedeutet, dass die bei der sozialen Fellpflege ausgeschütteten Hormone die Bindung zwischen den Gruppenmitgliedern festigen (Abb. 16.2).

Soziale Fellpflege ist allerdings eine sehr zeitaufwendige Angelegenheit. Je nach Gruppengröße wenden die Primaten bis zu 20 % ihres aktiven Zeitbudgets für soziale Fellpflege auf. Dieser beträchtliche Zeitumfang steht dann nicht für andere Aktivitäten wie Ressourcenerwerb, Fortpflanzung und Versorgung von Nachkommen zur Verfügung. Die Zeit, die mit sozialer Fellpflege verbracht wird, steigt mit zunehmender Gruppengröße. Wenn man nun also für den Menschen eine Gruppengröße von 147,8

Abb. 16.2 Nichtmenschliche Primaten festigen ihre Sozialbeziehungen durch soziale Fellpflege

Individuen annimmt, würde daraus resultieren, dass der Mensch 42 % seiner Zeit mit sozialer Fellpflege verbringen müsste, um seine Sozialbeziehungen zu pflegen. Da dies das Zeitbudget sprengen würde, kam Robin Dunbar zum Schluss, dass neue Mechanismen gefunden werden mussten, um Sozialbeziehungen effizienter zu pflegen, als das mit sozialer Fellpflege möglich war. Das Ergebnis war: **Sprache.** Sie ist ein versatiles und effizientes soziales Werkzeug, das es uns gestattet, nicht nur unsere Sozialbeziehungen zu pflegen, sondern auch soziales Wissen auszutauschen. Sprache ist effizienter als soziale Fellpflege, weil Gespräche nicht auf dyadische Interaktionen beschränkt sind. Vielmehr sind Gesprächsgruppen potenziell sehr viel größer; laut Dunbar kommen im Durchschnitt auf einen Sprecher 2,8 Zuhörer, womit sich die Effizienz von Sprache gegenüber der Fellpflege nahezu verdreifacht.

16 Die Komplexität des Gruppenlebens

Allerdings erreicht Sprache nicht die Effektivität von Fellpflege, da sie ohne die hormonellen Bindungs- und Belohnungssysteme auskommen muss. Als Ersatz dafür übernimmt Humor bei der Sprache die Aufgabe, für positive Gefühle zu sorgen.

Vor allem aber hat Sprache den entscheidenden Vorteil, dass **soziale Information** sehr effizient geteilt werden kann. Auf diese Weise muss nicht jedes einzelne Individuum selbst Erfahrungen machen, die unter Umständen kostenintensiv sind – beispielsweise wenn Kooperationsbereitschaft ausgenutzt wird. Vielmehr lässt sich von den Erfahrungen anderer profitieren. In der Tat scheinen sich Gespräche hauptsächlich um soziale Inhalte zu drehen. Fast zwei Drittel aller Unterhaltungen sind streng genommen Klatsch und Tratsch – wir unterhalten uns mit Vorliebe über persönliche Erfahrungen und Beziehungen. Dadurch dass wir über Dritte sprechen, also Informationen über vergangene und künftige soziale Interaktionen austauschen, teilen wir unsere Erfahrungswerte über die Eignung anderer als Sozialpartner. Somit gestattet uns Sprache, in reziproken Austauschsystemen und komplexen Unterstützungsnetzwerken sicherzustellen, dass das System nicht von einzelnen Individuen ausgenutzt wird, indem man Verletzungen der sozialen Regeln bekannt macht.

Demzufolge unterliegt die heute von *Homo urbanus* gewählte maximale Gruppengröße kaum noch irgendwelchen Ressourcenparametern, da unsere kulturellen Innovationen uns gestatten, Ressourcen habitatunabhängig zu verwalten. Vielmehr ist die Obergrenze eigentlich nur durch unsere kognitive Leistungsfähigkeit festgelegt. Diejenige Menge an sozialer Information, die wir gerade noch verarbeiten können, die unser Gehirn noch einordnen kann, limitiert das Gruppenwachstum. Wird das Maß an sozialer Komplexität, das unser Gehirn verarbeiten kann, überschritten, muss es sich einiger Tricks bedienen, um die Komplexität auf eine verwaltbare Ebene zu reduzieren. Nur mithilfe kognitiver Kniffe ist es uns möglich, in Millionenstädten zu leben. Ein Mechanismus, der es uns gestattet, soziale Beziehungen zu regulieren und vorhersagbar zu machen, ist Territorialität.

Soziale Komplexität führt zu kognitiven Herausforderungen. Die Gruppengrößen in urbanen Lebensräumen übersteigen unsere kognitiven Kapazitäten.

17

Mein Raum – meine Regeln

Territorialität ist Sozialverhalten, das an physische Orte gebunden ist. Durch das Besetzen von Raum entsteht eine **ortsabhängige Dominanz**. Anders gesagt: Abhängig davon, in wessen Territorium eine Interaktion stattfindet, sind jeweils andere Regeln gültig. Territorialität ist kein Instinkt, sondern ein Resultat der jeweiligen Umweltbedingungen, also Kosten- und Nutzenfaktoren, die habitatspezifisch sind. Der Kern von Territorialität ist **Kontrolle,** denn ein Territorium erlaubt uns, über seine Ressourcen und die Nutzung seiner Möglichkeiten Kontrolle auszuüben. Die Besitzansprüche in einem Territorium gehen demnach mit der Option einher, **Regeln** vorzugeben. Der Ursprung territorialen Verhaltens liegt in dem Bestreben, Ressourcen zu monopolisieren. In weiterer Folge entwickeln sich andere verhaltensregulative Regeln mit dem Ziel, das soziale Miteinander relativ konfliktfrei zu gestalten.

Die **Ressourcenverteilung** beeinflusst die Art und Größe von Territorien: Sind Ressourcen gleichmäßig verteilt, kommt es zur Ausbildung von Individualterritorien; liegen Ressourcen unregelmäßig gehäuft vor, bilden sich Gemeinschaftsterritorien. Die Größe von Territorien hängt von der Ressourcendichte ab. Bei geringer Ressourcendichte ist ein größeres Territorium vonnöten, um eine ausreichende Versorgung sicherzustellen. Ist hingegen die Ressourcenverfügbarkeit hoch, genügt ein kleines Territorium, um die Bedürfnisse abzudecken. Die optimale Größe eines Territoriums liegt dort, wo die Differenz zwischen Nutzen und Kosten am größten ist.

Die Kosten, die ein Territorium birgt, steigen linear zu seiner Ausdehnung. Sie entstehen dadurch, dass die Grenzen durch Kontrollgänge gesichert sowie durch Markierungen angezeigt werden müssen; zugleich nimmt die Anzahl der Eindringlinge zu, und diese gilt es aus dem Territorium zu vertreiben. Bei einem Gruppenterritorium bedeutet eine größere Ausdehnung, dass die Gruppenmitglieder weiter verstreut und deshalb nicht so schnell erreichbar sind, wenn Unterstützung gebraucht wird. Die Nutzen eines Territoriums folgen hingegen einer Sättigungskurve: Erst steigt der Nutzen rapide mit zunehmender Territoriumsgröße und flacht dann ab, bis die Bedürfnisse des Individuums erfüllt sind. Sobald dieser Bedarf gedeckt ist, erreicht der Nutzen eine Sättigung, und eine weitere Vergrößerung des Territoriums bedeutet keinen Zusatznutzen mehr.

Territorialität ist also eine adaptive Antwort auf spezifische Herausforderungen unserer Umwelt. Der Ursprung von Territorialität liegt im **Monopolisieren von Ressourcen** – nicht nur von Nahrung, sondern auch von Schlafplätzen und Fortpflanzungsmöglichkeiten. Territorien können außerdem dazu dienen, Feinde abzuwehren. Das Monopolisieren von Ressourcen und der **Schutz vor Feinden** sind die bestimmenden Faktoren für Territorien in der Tierwelt. Eine dritte Funktion gewinnt auch in der Tierwelt immer mehr an Bedeutung: Die **Regulation von Sozialbeziehungen** ist wohl erst später in der Evolution hinzugekommen. Durch die ortsabhängige Dominanz entstehen Regeln, die zur Vermeidung von Konflikten dienen.

Für die menschliche Territorialität ist diese Funktion die wohl wichtigste und bestimmendste. Das mag auf den ersten Blick überraschen – kennt man doch aus Naturdokumentationen die teils blutigen Auseinandersetzungen um Reviere oder Territorien. Territorialkonflikte treten entgegen der allgemeinen Wahrnehmung jedoch selten auf und dienen dazu, territoriale Ansprüche zu etablieren. Sobald aber die Ansprüche geklärt sind, sind damit automatisch Regeln des Zusammenlebens verbunden, die Konflikte reduzieren. Diese treten immer nur dann auf, wenn bestehende territoriale Ansprüche nicht respektiert werden. Territoriale Grenzen werden jedoch häufiger respektiert als verletzt, da die Reduktion von Konflikten für alle Beteiligten von Vorteil ist. Die Vorteile des Besitzers eines Territoriums liegen auf der Hand, da ihm das Territorium exklusiven Zugang zu Ressourcen ermöglicht. Für potenzielle Konkurrenten wiederum ist es vorteilhaft, Territorien zu respektieren, da sich so die mit Konflikten verbundenen Kosten vermeiden lassen.

Territorien machen soziale Interaktionen vorhersagbar. Die Rollen von Gastgeber und Gast sind eindeutig definiert.

Die territoriale Struktur geht also mit impliziten sozialen Regeln einher, die abhängig von dem Ort des Geschehens unterschiedliche Verhaltensweisen vorgeben. Somit müssen nicht bei jeder Begegnung neue Regeln definiert werden; selbst beim Aufeinandertreffen von Unbekannten existiert bereits eine Richtlinie für das Verhalten. Weil die Harmonisierung der sozialen Interaktionen durch dieses ortsgebundene Regelwerk von großem Nutzen ist, respektieren auch die Besitzlosen territoriale Ansprüche.

Die Kommunikation von territorialen Ansprüchen erfolgt durch **Markierungen.** Aus dem Tierreich sind optische, akustische und olfaktorische Territorialmarker bekannt. Brüllaffen oder Gibbons kommunizieren ihre Territorialansprüche mit sogenannten Morgenchorälen. Morgens singen die Brüllaffen, um ihre Position kundzutun, und lauschen gleichzeitig, um die Position anderer Brüllaffen zu ermitteln. Im Laufe des Tages bewegen sich die Affen dann in diejenige Richtung, aus der kein Gesang kommt. Hunde hingegen bedienen sich olfaktorischer Territorialmarker. Durch das Setzen von Urinmarken hinterlassen sie Nachrichten an ihre Artgenossen. Diese beschränken sich nicht nur auf territoriale Ansprüche, sondern signalisieren beispielsweise auch die Läufigkeit von Hündinnen oder übermitteln andere individuelle Informationen. Visuelle Marker sind im Tierreich nicht so sehr verbreitet; meist handelt es sich um eine Kombination mit olfaktorischen, etwa in Form von Kotresten. Wir Menschen hingegen bedienen uns in erster Linie visueller Marker, um die Grenzen unserer Territorien zu definieren.

Verschiedenartige Markierungen sind unterschiedlich effektiv. Sie können zeitlich sehr begrenzt wirken, also transitorisch, wie die Morgenchoräle der Brüllaffen. Die Wirksamkeit ist auf die Zeit beschränkt, in der gesungen wird, und dies macht eine täglich wiederholte akustische Markierung erforderlich. Zugleich sind die Choräle aber außerordentlich effektiv, da sie während ihrer Produktion eindeutig signalisieren, dass die Besitzer des Territoriums anwesend sind. Marker, deren Wirkung längerfristig oder permanent ist, wie die Geruchsmarken von Hunden, erfordern keine persönliche Anwesenheit des Besitzers, sie werden aber auch gerade deshalb etwas weniger respektiert.

Meist werden territoriale Markierungen jedoch berücksichtigt und nur selten kommt es zu Verletzungen der territorialen Grenzen. Sollte dennoch ein Konkurrent eindringen, versucht der Besitzer zunächst, diesen durch Drohgebärden zu verjagen. Zu physischen Auseinandersetzungen kommt es erst in letzter Instanz. Revierkämpfe sind demnach die allerletzte Konsequenz und werden nur eingesetzt, wenn alle anderen Mittel versagt haben, sind also äußerst selten.

Bei unseren nächsten Verwandten hängen Territorialität sowie die Sozial- und Paarungssysteme von ökologischen Rahmenbedingungen ab. **Gibbons** sind baumbewohnende Blattfresser. Blätter sind im Regenwald relativ gleichmäßig verteilt und es herrscht Wettbewerb um die wertvollsten Ressourcen, nämlich nahrhafte und weiche Blätter. Deshalb zeigen Gibbons ausgeprägte Territorialität, was die Effizienz der Ausbeutung und die Vorhersagbarkeit der Ressourcen erhöht. Aufgrund der gleichmäßigen Verteilung finden wir Individualterritorien, die von Weibchen mit ihren Nachkommen besetzt werden sowie von Männchen, die sich ihnen anschließen. Die daraus resultierenden Sozialsysteme sind Kernfamilien basierend auf einem monogamen Paarungssystem. Gibbons bedienen sich akustischer Markierungen, ähnlich der Morgenchoräle der Brüllaffen, um ihre territorialen Ansprüche zu kommunizieren. Manchmal treffen benachbarte Gruppen aufeinander, und manchmal suchen Männchen aktiv den Kontakt zu anderen Gruppen. Bei solchen Begegnungen kommt es zu Scheinkämpfen, die bis zu zwei Stunden dauern können. Abgesehen davon erfolgt zwischen den Gruppen kaum physischer Kontakt.

Gorillas sind auch Blattfresser, allerdings nicht oben in den Ästen, in den Baumkronen, sondern semiterrestrisch in Bodennähe. In den tieferen Etagen des Regenwaldes sind die Ressourcen nicht so gleichmäßig verteilt wie in den Baumkronen, sondern eher räumlich unvorhersagbar und ungleichmäßig. Diese Art der Ressourcenverteilung bewirkt einen Zusammenschluss der Weibchen zu Gruppen. Die Gruppenterritorien sind überlappende Streifgebiete, in deren Überlappungsbereichen benachbarte Gruppen häufig aufeinandertreffen. Die benachbarten Gruppen kennen sich und reagieren unterschiedlich aufeinander: Entweder wird mittels Drohverhalten der territoriale Anspruch signalisiert, oder es kommt zu einer sogenannten Verbrüderung. Bei diesen Begegnungen kann es durchaus vorkommen, dass Individuen von einer Gruppe zur anderen wechseln.

Die Streifgebiete sind relativ groß und Gorillas legen auf ihren Streifwanderungen beachtliche Strecken zurück. Allein wegen der räumlichen Ausdehnung wäre es unmöglich, einen exklusiven Territorialanspruch zu verteidigen. Als Paarungssystem hat sich bei den Gorillas ein Harem ausgebildet. Die Weibchen, die gemeinsam mit ihren subadulten Nachkommen in Gruppen leben, werden von einem Männchen, dem sogenannten Silberrücken, monopolisiert. Männchen, die die Geschlechtsreife erreichen, schließen sich in Junggesellengruppen zusammen. Meist handelt es sich dabei um nahe verwandte Männchen, die bei günstiger Gelegenheit Versuche unternehmen, einem Silberrücken eine Weibchengruppe zu entreißen. Diese polygynen Haremssysteme haben zur Folge, dass die Fortpflanzungsaussichten unter den Männchen sehr ungleich verteilt sind: Da der Silberrücken den Zugang zu den Weibchen kontrolliert, haben andere Männchen kaum Chancen auf Reproduktion. Das führt zu einer stark ausgeprägten Konkurrenz unter den Männchen und einem markanten Sexualdimorphismus in Körpergröße und Gewicht: Die Männchen sind sehr viel größer und schwerer als die Weibchen, um sich gegen männliche Konkurrenten durchzusetzen.

Orang-Utans leben auf Bäumen. Ihre Nahrung besteht zu 60 % aus Früchten und ansonsten aus Blättern. Die Früchte sind zwar hochenergetisch, jedoch weit voneinander verteilt; die Ressourcendichte ist also sehr gering. Diese relative Ressourcenarmut erlaubt es Weibchen nicht, sich in Gruppen zusammenschließen, weshalb sie gemeinsam mit ihren Nachkommen Individualterritorien besetzen. Das Territorium eines Männchens umfasst mehrere Weibchenterritorien. Das vorherrschende polygyne Paarungssystem führt zu Konkurrenz zwischen den Männchen sowie einem stark ausgeprägten Sexualdimorphismus. Die sozialen Einheiten bei Orang-Utans sind demnach einzelgängerische adulte Männchen, einzelgängerische adulte Weibchen gemeinsam mit ihren Nachkommen sowie unverpaarte Männchen, die in Gruppen umherziehen.

Schimpansen sind semiterrestrische Omnivoren, und ihre Ressourcen sind räumlich unvorhersagbar und ungleichmäßig verteilt. Da sie alles fressen, ist die Ressourcendichte groß und erlaubt den Schimpansenweibchen, sich in Gruppen zusammenzuschließen. Die Männchen können nicht wie bei den Gorillas eine Weibchengruppe in einem polygynen System für sich alleine beanspruchen. Stattdessen besteht die Gruppe aus vielen Weibchen und vielen Männchen. Dies resultiert in einem promisken System, in dem Weibchen Sexualkontakte mit mehreren Männchen haben und umgekehrt. Die Gruppen, die bis zu 80 Individuen umfassen können, sind gekennzeichnet durch individuelles Erkennen und setzen sich aus primären Netzwerken zusammen. Die Gruppenstreifgebiete folgen den Ressourcen und die Territorialität ist nicht sehr stark ausgeprägt. Eine zentrale Rolle für das Sozialsystem spielt die **patrilokale Exogamie:** Die Männchen bleiben in ihrer Geburtsgruppe, die Weibchen wandern beim Erreichen der Geschlechtsreife ab. Das Abwandern der Weibchen gewährleistet, dass es nicht zu Inzest kommt, während das Verweilen der Männchen bedeutet, dass die männlichen Gruppenmitglieder biologisch verwandt sind. Insbesondere bei einem promisken Paarungssystem ist dies von Bedeutung, weil zwar keine Vaterschaftssicherheit besteht, die Nachkommen in einer Gruppe aber mit hoher Wahrscheinlichkeit von einem nahen männlichen Verwandten abstammen. Das reduziert die Konkurrenz unter den Männchen, da diese Nachkommen zur **inklusiven Fitness** – also der Verbreitung der genetischen Information in der nächsten Generation – jedes einzelnen Männchens der Gruppe beitragen.

Im Laufe der Evolutionsgeschichte hat die menschliche Territorialität tief gehende Veränderungen erfahren. Eine ursprünglich hoch mobile nomadische Lebensweise wie bei *Homo erectus* war verbunden mit Niederlassungen für wenige Tage bis Wochen. Vor allem saisonale Wanderungen, die Niederschlägen und anderen lebensnotwendigen Ressourcen folgten, erlaubten es unseren frühen Vorfahren nicht, sich sesshaft zu machen. Da Wanderungen energieaufwendig und gefährlich sind, ist es von Vorteil, sie zu reduzieren. Das führte zu folgender räumlicher Rollenverteilung: Frauen blieben mit ihrem Nachwuchs in relativ konstanten Niederlassungen, während Männer und kinderlose Frauen Ressourcen aus weiter entfernten Gebieten beschafften. Bei den meisten Jäger- und Sammlerkulturen sind weibliche Sammlerinnen für den Großteil der Nahrung und somit für die Grundversorgung zuständig. Männer steuern durch die Jagd das hochwertige tierische Protein quasi als Luxusnahrungsergänzungsmittel bei. Die Niederlassungen wurden jahreszeitlich besetzt, es gab also Regen- und Trockenzeitquartiere, deren Lage eine effiziente Ausbeutung der saisonalen Streifgebiete erlaubte.

Die Sozialsysteme unserer frühen Vorfahren setzten sich aus Kleinfamilien zusammen, die sich zu größeren Gruppen zusammenschlossen. Man geht bei *Homo erectus* von einer Gruppengröße von circa 120 Individuen aus. Diese Anzahl diente nicht nur der Raubdruckminimierung, sondern erlaubte auch die bessere Ausbeutung bestimmter

Ressourcen. Vor allem für die Jagd von Großwild ist der Zusammenschluss zu größeren Gruppen sinnvoll, da ein strategisches Vorgehen den Jagderfolg wahrscheinlicher macht. Die Gruppen sind durch komplexe **Unterstützungssysteme** gekennzeichnet, die zum einen auf Verwandtenselektion, zum anderen auf reziproken Austauschsystemen beruhen. Territorialität ist bei Jägern und Sammlern nur dann ausgeprägt, wenn Ressourcen begrenzt sind; besonders bei Nomaden halten sich die territorialen Ansprüche in Grenzen.

Im Laufe der Menschwerdung haben Nahrungsterritorien im Sinne der Monopolisierung von Ressourcen immer mehr an Bedeutung verloren. Mit zunehmender **Sesshaftigkeit** kommt es auch deshalb zu einer grundlegenden Veränderung der Qualität von Territorien: Territoriale Ansprüche werden auf Bereiche erhoben, die aufgrund von Investitionen wertvoll geworden sind, und nicht deshalb, weil von Natur aus Ressourcenreichtum besteht. Der Übergang zu einer Lebensweise als Garten- und Ackerbauern bedeutet, dass Ressourcen nicht mehr nur ausgebeutet, sondern vielmehr angebaut werden. Durch Manipulation der physikalischen Umwelt, also durch Pflanzen, Bewässern und Düngen, erhöht man die Ergiebigkeit des Territoriums. Zugleich sind diese Aktivitäten eine Investition, deren Kosten sich erst zu einem späteren Zeitpunkt rentieren. Je mehr man investiert, desto ausgeprägter werden die Besitzansprüche und die Identifikation mit dem Territorium.

Mit der Entwicklung von **Städten** nimmt die soziale Komplexität zu. Neben Nahrungsterritorien gewinnen andere Formen von Territorien an Bedeutung: Rollenspezifische

Kleingruppenterritorien dienen bestimmten Berufsgruppen zur Ausübung ihres Gewerbes. Individual- und Familienterritorien erfüllen zunehmend Funktionen wie Ressourcenlagerung. Territorien werden also immer mehr zu Bereichen, die auf spezifische Bedürfnisse und Verhaltenstendenzen zugeschnitten sind. Mit wachsender sozialer Komplexität rückt vor allem die sozialregulative Funktion zur **Minimierung von Konflikten** in den Mittelpunkt. Ein Beispiel hierfür ist der Peanut Park in Chicago – dort hat sich eine Aufteilung dieser öffentlichen Ressource etabliert, die konfliktminimierend wirkt. Der Peanut Park liegt in der Mitte eines multiethnisch genutzten Bezirks, und unterschiedliche Nutzergruppen beschränken ihre Aktivitäten räumlich-zeitlich so, dass diese Gruppen kaum aufeinandertreffen. Eine solche Form informeller Territorialität gestattet es, durch räumlich festgelegte Regeln soziale Interaktionen zu regulieren.

Kulturelle Faktoren modulieren territoriales Verhalten. Nicht jedes funktionale Territorium wird in allen Kulturen mit den gleichen Regeln besetzt und mit denselben Emotionen assoziiert. Kulturelle Unterschiede in der Wahrnehmung von Territorien können zu Konflikten führen, da hier das Regelwerk nicht mehr funktioniert. Während sich also innerhalb von Kulturen, insbesondere in Subkulturen, ein implizites Verständnis für den Charakter bestimmter Territorien herausgebildet hat und die übereinstimmenden Konzepte der Beteiligten mithilfe integraler sozialer Regeln zur Konfliktvermeidung beitragen, können Letztere zu einer Quelle von Missverständnissen und Konflikten werden, wenn eine gemeinsame Basis fehlt.

So dient die Küche in Europa als soziales Zentrum – hier werden nicht nur Speisen zubereitet, sie ist auch ein

Ort für informelle soziale Interaktionen. Historisch gesehen war die Küche in Bauernhöfen oft der einzige beheizte Raum, derjenige Raum, wo die Bewohner sich aufhielten und wo Gäste bewirtet wurden. Nach einer Phase der Abwertung der Küche – sie wurde kleiner angelegt und diente nur noch der Nahrungszubereitung, während das Esszimmer ihre soziale Funktion übernahm –, geht der Trend heute wieder dahin, die Küche zentral im Wohnbereich anzulegen. Dies bedeutet, dass Territorialität in der Küche Mitteleuropas nicht stark ausgeprägt ist und selbst Fremde in diesen Bereich vorgelassen werden. In Nigeria hingegen ist die Küche höchst privat, und ein Vordringen in die Küche wird als massive Verletzung empfunden.

Auch Gehsteige werden je nach Kultur unterschiedlich territorial besetzt. In Griechenland beispielsweise gibt es keine territoriale Identifikation mit dem Gehsteig vor dem eigenen Haus. Da keine Besitzansprüche erhoben werden, wird auch keine Kontrolle ausgeübt und die Erhaltung des Gehsteiges bleibt in öffentlicher Verantwortung. In den USA hingegen wird der Gehsteig als halbprivat wahrgenommen, womit Investitionen in seinen Zustand verbunden sind. So entfernen die Anlieger Müll auch vom Gehsteig, obwohl sich dieser streng genommen jenseits der physischen Grenzen des eigenen Grundes befindet. Im deutschsprachigen Raum findet man beim Umgang mit Gehsteigen ein klares Stadt-Land-Gefälle: Im dicht besiedelten urbanen Gebiet betrachtet man Gehsteige als öffentlich, während die territoriale Identifikation auf dem Land das Umfeld des Wohnhauses mit einbezieht.

Territorialkonflikte entstehen also dort, wo Uneinigkeit entweder über die territorialen Ansprüche oder die damit verbundenen Regeln herrscht. Meist funktioniert aber diese raumgebundene Regulation unseres sozialen Miteinanders so gut, dass wir uns ihrer gar nicht bewusst werden.

Territorien sind demnach an physische Orte gebunden und besitzen physische Grenzen. Sie sind jedoch auch mental repräsentiert und entsprechend emotional besetzt.

Territorialität wird von der Ressourcenverteilung bestimmt und macht soziale Interaktionen vorhersagbar. Deshalb reduziert Territorialität entgegen allgemeiner Ansicht Konflikte.

18

Die Suche nach Nähe und sicherer Distanz

Wie wir unsere territorialen Ansprüche regeln, hängt von unserem Interaktionspartner ab. Während also die territoriale Struktur soziale Interaktionen reguliert, werden umgekehrt auch die **territorialen Regeln** von der Qualität der **Sozialbeziehung** beeinflusst. Ein respektvoller Umgang mit den territorialen Regeln weckt beim Besitzer eines Territoriums die Bereitschaft zu Zugeständnissen, während die Verletzung seiner territorialen Ansprüche eher zu einer negativen Einstellung gegenüber dem Eindringling führt. Umgekehrt spricht das Zusprechen von Rechten durch den Besitzer für eine positive Beziehung zu seinem Interaktionspartner, wohingegen sich eine stark ausgeprägte Exklusivität negativ auf die Einstellung des Gastes auswirken kann. Demnach sind territoriale Regeln kein fixes, starres Regelwerk, sondern sind vielmehr von den horizontalen und vertikalen Faktoren sozialer Beziehungen abhängig.

Horizontale Faktoren werden durch den Bekanntheitsgrad und die emotionale Hingezogenheit bestimmt. Je besser sich die Akteure kennen, desto eher gestehen sie einander territoriale Rechte zu. Völlig unbekannten Personen gegenüber formuliert man eher exklusive Territorialansprüche. Ob man einander nahesteht, lässt sich dabei sowohl im übertragenen als auch im wörtlichen Sinne betrachten – emotionale Nähe korrespondiert mit physischer Nähe. Ralph B. Taylor beschreibt, wie sich horizontale soziale Faktoren auf das Territorialverhalten auf einem amerikanischen Campus auswirken: Je näher sich zwei Personen stehen, desto größer wird das geteilte Territorium, also der Raum, auf den man gleichberechtigt gemeinsam Anspruch erhebt. Bei Frauen kommt es darüber hinaus zu einer Verkleinerung des exklusiven Territoriums.

Neben den horizontalen sozialen Faktoren spielen natürlich auch die **vertikalen sozialen Faktoren** – also Dominanz – eine ganz wichtige Rolle. Ortsunabhängige und ortsabhängige Dominanz interagieren und resultieren in einer modulierten **ortsgebundenen Dominanz.** So können die vertikalen sozialen Faktoren die territorialen Ansprüche entweder verstärken – wenn der Besitzer des Territoriums statushöher ist als sein Gegenüber – oder abschwächen – wenn der Status des Besitzers niedriger als der seines Interaktionspartners ist. Dies beeinflusst, zu welchem Grad Regeln aufgestellt werden können und diese auch durchgesetzt und respektiert werden. Innerhalb von Familien beispielsweise unterscheiden sich die Territorialansprüche der einzelnen Familienmitglieder abhängig von deren Status im Familiengefüge. Weniger dominante

18 Die Suche nach Nähe und sicherer Distanz

Familienmitglieder haben weniger exklusive Territorien, können also weniger Kontrolle darüber ausüben, was in ihrem Raum passiert. Je geringer die territoriale Kontrolle ist, je weniger exklusive Territorialitätsansprüche jemand hat, desto geringer ist seine Wohnzufriedenheit. Wir streben exklusive Territorien an, und dieses Bedürfnis scheint in urbanen Habitaten ausgeprägter zu sein als in ruralen.

Zahlreiche Studien haben gezeigt, dass es tatsächlich so etwas wie einen Heimvorteil gibt. Dieser zeigt sich nicht nur im Sport – die Heimmannschaft gewinnt häufiger –, sondern auch in Geschäftsverhandlungen und anderen Formen des sozialen Aufeinandertreffens. Der Gastgeber spricht mehr als andere und setzt seine Agenda eher durch. Dieser Heimvorteil gilt jedoch nicht in jeder Situation. Ist das Eskalationspotenzial hoch, kann sich dieser ins Gegenteil umkehren. Im Sport bedeutet das, dass der Heimvorteil bis zum Finale gilt, also Heimsiege häufiger sind als Auswärtssiege. Im Finale hingegen scheint ein Heimspiel eher mit Druck verbunden zu sein, der dazu führt, dass die Heimmannschaft keinen Vorteil mehr hat. Für soziale Interaktionen, die ein hohes Eskalationspotenzial bergen, ist es von Vorteil, diese auf neutralem Boden auszutragen, da es hier mit geringerer Wahrscheinlichkeit zu nicht kontrollierbaren Eskalationen kommt.

Das von einer Gruppe von Architekturpsychologen entworfene **territoriale Zwiebelmodell** beschreibt die unterschiedlichen Schichten der Territorialität entlang zweier Dimensionen: räumliche Ausdehnung und Kontrolle. Je größer die räumliche Ausdehnung ist, desto geringer wird die Kontrolle. Der innerste Kern des Zwiebelmodells ist das **Minimalterritorium.** Als nächste

Schicht folgt das **Heim,** umgeben von der **Nachbarschaft.** Die äußerste Schicht sind die **öffentlichen Plätze.** Von der innersten zur äußersten Zwiebelschicht nehmen die Privatheit der Territorien, die Identifikation und der territoriale Anspruch ab. Je ausgeprägter der territoriale Anspruch und die Identifikation ist, desto stärker markieren wir ein Territorium, verteidigen es und übernehmen Verantwortung dafür. Folglich ist unser Territorialverhalten keine Schwarz-Weiß-Angelegenheit, sondern vielmehr graduell in Schichten angeordnet, wobei der Grad an territorialem Anspruch mit zunehmender Ausdehnung abnimmt.

Eine Sonderform des Territorialverhaltens ist die **Individualdistanz,** die nicht an einen physischen Ort gebunden ist, sondern uns wie eine Blase umgibt. Man befindet sich also immer im Zentrum seines Individualraumes. Die Distanz, die wir anderen gegenüber einnehmen, hat keine fixen Grenzen, sondern wird von einer Reihe individueller und Umgebungsfaktoren beeinflusst. Wir sind in der Lage, unsere Individualdistanz an den Kontext anzupassen: Wenn die Umgebungsbedingungen durch Enge gekennzeichnet sind, können wir unsere Individualdistanz mental verkleinern. Auf diese Weise ist es uns möglich, in überfüllten öffentlichen Verkehrsmitteln zu reisen oder eine Massenveranstaltung wie ein Konzert zu besuchen. Andererseits kann sich unser Raumanspruch aber auch vergrößern, sofern es die Situation erlaubt.

Wir nehmen nicht allen anderen Personen gegenüber den gleichen Abstand ein. Ähnlich wie bei der echten Territorialität ist auch die Individualdistanz abhängig vom Interaktionspartner. Die horizontalen und vertikalen

18 Die Suche nach Nähe und sicherer Distanz

sozialen Faktoren bestimmen die Distanz, die wir anderen gegenüber einnehmen. Je geringer die Statusunterschiede, je vertrauter und intimer die Beziehung, desto kleiner wird der Abstand zwischen zwei Personen. Anders als bei echten Territorien, die an physische Orte gebunden sind, entstehen hier die Regeln durch (stillschweigende) Übereinkunft der Interaktionspartner und werden nicht von einem Partner vorgegeben. Die Verhandlung über die Individualdistanz erfolgt nonverbal und vornehmlich unbewusst. Das Resultat dieser Verhandlung kann – abhängig von der Übereinstimmung der Individualvorstellungen – für die Beteiligten entweder angenehm oder unangenehm ausfallen (Abb. 18.1).

Wenn der Abstand, auf den sich zwei Interaktionspartner geeinigt haben, unter- oder überschritten wird, löst

Abb. 18.1 Individualdistanz bei Tieren und Menschen. Die relativ gleichmäßige Verteilung entsteht durch das Bestreben jedes einzelnen Individuums, den Abstand zu anderen möglichst groß zu halten

dies negative Reaktionen aus. Eine Verletzung des Individualraumes, das heißt ein Unterschreiten der idealen Distanz, führt zu Stress. Diese Reaktion ist physiologisch messbar: Wir fangen an zu schwitzen, Blutdruck und Herzrate steigen. Bei diesen physiologischen Reaktionen handelt es sich um die Vorbereitung für eine Flucht- oder Kampfreaktion – aufgrund der gesteigerten Aktionsbereitschaft kann man bei Bedarf schneller reagieren. Aber nicht nur das Verletzen des Individualraumes wird als negativ wahrgenommen, sondern auch ein Überschreiten der idealen Distanz. Wenn wir mit einem Menschen interagieren wollen und dieser zu großen Abstand hält, empfinden wir das als ausgesprochen negativ. Planen wir jedoch keine Interaktion, so kann der Abstand zu einer anderen Person gar nicht groß genug sein. Der Anthropologe Edward T. Hall beschreibt drei Schichten des ***personal space:*** die Intimdistanz bis 45 cm, die persönliche Distanz bis 1,20 m und die gesellschaftliche Distanz, die sich bis über 3,5 m erstreckt. Diese Distanzen werden abhängig von der persönlichen Beziehung zwischen den Interaktionspartnern sowie den geplanten Interaktionen eingehalten.

Die nonverbalen Verhandlungen über den Individualabstand können oft lange andauern und haben einen nicht zu vernachlässigenden Einfluss darauf, wie wir unser Gegenüber wahrnehmen. Das zeigt eine Anekdote des österreichischen Zoologen Rupert Riedl, die kulturelle Unterschiede im Individualabstand und die daraus resultierenden nichtsprachlichen Verhandlungen illustriert: Ein skandinavischer und ein südeuropäischer Botschafter treffen in der Eingangshalle des UNO-Hauptgebäudes aufeinander und unterhalten sich. Der Südeuropäer nimmt

18 Die Suche nach Nähe und sicherer Distanz

einen geringen Abstand ein, da dies seinem Ideal entspricht, was der Nordeuropäer als unangenehm empfindet und deshalb zurückweicht. Der Südeuropäer empfindet dies wiederum als unangenehm und rückt nach. Laut Riedl durchqueren die beiden Botschafter die Eingangshalle im Laufe des Gespräches mehrmals, ohne sich dessen bewusst zu werden.

In diesen **dyadischen Interaktionen** optimieren wir den Abstand zu unserem Gegenüber demnach so, dass er unserem Ideal möglichst entspricht. Bei geringer Abweichung von unserem Idealabstand fühlen wir uns noch wohl, während mit zunehmender Abweichung von diesem Ideal unser Unbehagen wächst. Dies ist mitverantwortlich dafür, warum wir uns in der Gegenwart von manchen Menschen unwohl fühlen, ohne es begründen zu können. Besteht grundsätzliche Uneinigkeit über den idealen Abstand, kann dies die Einstellung gegenüber dem Interaktionspartner unbewusst beeinflussen. Wenn uns jemand also durch sein Raumverhalten zu nahe tritt oder zurückweist, löst dies emotionale Reaktionen aus, die sich auf andere Ebenen der Interaktion negativ auswirken können.

Der kulturelle Hintergrund ist nur einer der Faktoren, die den Individualabstand modulieren. In nördlichen Kulturen ist die Distanz, die man zueinander einnimmt, im Allgemeinen größer als in südlichen – man spricht in diesem Zusammenhang auch von **Kontakt- und Nicht-Kontakt-Kulturen.** Doch auch innerhalb eines Kulturkreises variiert der Individualabstand, abhängig von zahlreichen Persönlichkeitsfaktoren, stark. So halten Schizophrene einen größeren Abstand zu anderen Menschen als Nicht-Schizophrene. Jugendliche, die zu aggressivem Verhalten tendieren, beanspruchen mehr

Raum als nicht aggressive Jugendliche. Gleiches gilt für extravertierte Menschen im Vergleich zu introvertierten. Und Männer haben ein größeres Raumbedürfnis als Frauen.

Territorialität reduziert Konflikte und macht Interaktionen vorhersagbar. Deshalb sollten territoriale Bedürfnisse unterstützt werden.

19

Zeitlich begrenzte Territorialität

Rotraut Walden betrachtet das **Minimalterritorium** als Kern der territorialen Zwiebel. Minimalterritorien finden wir hauptsächlich im öffentlichen Bereich; sie sind dadurch gekennzeichnet, dass wir sie nur vorübergehend nutzen – das heißt, wir erheben lediglich für die Nutzungsdauer einen Anspruch auf sie. Wenn wir sie nicht mehr brauchen, geben wir sie auf, ohne zu erwarten, dass sie für uns freigehalten werden. So belegen wir einen Tisch im Restaurant, einen Sitzplatz in der Straßenbahn oder einen Arbeitstisch in der Bibliothek für einen gegebenen Zeitraum und beanspruchen so lange durchaus exklusive Nutzungsrechte auf diesen Bereich. Im Extremfall beschränkt sich der territoriale Anspruch explizit auf die physische Besetzung des Minimalterritoriums. Dies trifft beispielsweise auf einen Sitz in der Straßenbahn zu: In dem Augenblick, in dem wir aufstehen, wird das

Territorium freigegeben und andere erheben Anspruch darauf. Die graduelle Steigerung des territorialen Anspruches auf bestimmte Räume offenbart sich, wenn wir das Minimalterritorium kurzzeitig verlassen – etwa um die Toilette aufzusuchen, zum Salatbuffet zu gehen oder ein Buch zu holen – und erwarten, dass es bei unserer Rückkehr nicht von anderen besetzt ist.

Um sicherzustellen, dass es zu keiner Verletzung dieses territorialen Anspruches kommt, bedienen wir uns **territorialer Marker.** Diese funktionieren umso besser, je individueller sie sind und je stärker sie sich vom Kontext abheben. Das bedeutet, dass eine Handtasche als persönliche, sehr individuelle Markierung gut funktioniert, ein Buch in der Bibliothek hingegen nicht. Auch werden Markierungen, die man mit Männern assoziiert, mehr respektiert als solche, die man mit Frauen in Verbindung bringt. An Orten, wo die Nutzungsdauer sehr eingeschränkt ist und es kaum vorkommt, dass Minimalterritorien vorübergehend verlassen werden, respektiert man Markierungen mit geringerer Wahrscheinlichkeit als an Orten mit längerfristiger Nutzung. So werden territoriale Marker in der Straßenbahn oder in der U-Bahn ignoriert – hat man doch keinen Grund, den Sitzplatz zu verlassen, um wiederzukehren. In einem Fernzug hingegen, wo die Nutzungsdauer sich auf mehrere Stunden erstrecken kann, gibt es durchaus Gründe, den Sitzplatz vorübergehend zu verlassen, etwa um den Speisewagen zu besuchen. Deshalb funktionieren Markierungen hier mit höherer Wahrscheinlichkeit und es kommt seltener zu Verletzungen der so signalisierten Territorialansprüche (Abb. 19.1).

19 Zeitlich begrenzte Territorialität

Abb. 19.1 Territoriale Marker in der U-Bahn. Anders als in anderen Kontexten hat die Qualität der Marker hier kaum Einfluss auf die Wirksamkeit. Bei Minimalterritorien erlischt der Anspruch in dem Moment, in dem ein Territorium nicht besetzt ist. (Foto: C. Weinlinger)

Minimalterritorien werden nicht immer respektiert, weil sie sich in anonymen Settings befinden und dementsprechend wenig informelle soziale Kontrolle ausgeübt wird. Da Minimalterritorien nicht langfristig genutzt werden, ist es nicht notwendig, sie regelmäßig zu besetzen, zu markieren und zu verteidigen. Demzufolge sind sie durch eine sehr hohe **Turnover-Rate,** also durch laufende Veränderung der territorialen Ansprüche, gekennzeichnet.

Bei regelmäßiger Nutzung von Minimalterritorien nehmen die **Identifikation** und der **Besitzanspruch** graduell zu. So bildet sich beispielsweise bei Studierenden in Hörsälen im Laufe des Studienjahres eine informelle Sitzordnung, weil die einzelnen Personen bevorzugte Plätze haben und diese regelmäßig besetzen. Eine solche Entwicklung von territorialen Strukturen ist begrüßenswert – nicht nur, weil sie soziale Interaktionen positiv beeinflusst, sondern auch, weil territoriale Identifikation mit einem wachsenden **Verantwortungsgefühl** einhergeht und man an der Instandhaltung des Raumes interessiert ist.

Minimalterritorien werden nur vorübergehend besetzt; dies äußert sich in verringerter Kontrolle und Identifikation.

20

Urbane Streifgebiete

Das **Streifgebiet** ist dasjenige Gebiet, das ein Individuum regelmäßig nutzt. Ähnlich den Streifgebieten der Primaten finden wir auch bei Stadtbewohnern Gebiete, die sowohl private als auch öffentliche Bereiche umschließen und demnach unterschiedliche territoriale Tiefe aufweisen. Innerhalb eines Streifgebietes liegen **Kerngebiete,** die von zentraler Bedeutung für unseren Alltag sind. Zwei Kerngebiete, die nahezu jeder erwachsene Stadtbewohner in seinem Streifgebiet findet, sind das **Heim** und der **Arbeitsplatz.** Hinzu kommen Orte, wo wir unseren Freizeitaktivitäten nachgehen. Das Streifgebiet umfasst neben diesen Kerngebieten auch noch die dazwischenliegenden Wege, die im öffentlichen Bereich angesiedelt sind. Das bedeutet, dass das Streifgebiet sowohl Bereiche mit exklusivem Territorialanspruch aufweist – das Heim – als auch Bereiche ohne territorialen Anspruch – die **öffentlichen**

Wege. In den öffentlicheren Bereichen sind die Ressourcen allgemein zugänglich, anonym und dementsprechend weniger kontrollierbar. Die Kerngebiete sind nicht nur die am häufigsten frequentierten Bereiche des Streifgebiets, sie sind auch jene, wo die Territorialität am stärksten ausgeprägt ist. Diese Unterschiede in der territorialen Identifikation äußern sich in jeweils anderem Verhalten.

Urbane Streifgebiete – Wie Frauen und Männer sich die Stadt zu eigen machen

Von Pia Stephan

Potenzielle Unterschiede zwischen Männern und Frauen in räumlichen Fähigkeiten waren und sind seit einigen Jahrzehnten beliebtes Forschungsthema und zugleich Anlass kontroverser Diskussionen. So wird von einigen ForscherInnen entsprechend der Jäger-Sammler-Hypothese angenommen, dass basierend auf der Arbeitsteilung im Pleistozän Männer und Frauen im Laufe der Evolution des Menschen unterschiedliche räumliche Fähigkeiten entwickelt und sich an verschiedene Home Ranges, also „Streifgebiete", adaptiert haben. Eine Vielzahl wissenschaftlicher Untersuchungen konnte entsprechende Differenzen zum Beispiel in Orientierungsstrategien, mentaler Rotation von Objekten oder dem Erinnern von Objektanordnungen belegen, andere dagegen kamen zu gegensätzlichen Ergebnissen. Auch konnte bei modernen Jäger-Sammler-Gesellschaften ein Unterschied zwischen Männern und Frauen in der Größe der Home Range nachgewiesen werden.

Doch wie schaut es aus mit Menschen in urbanen Umgebungen? Kommen hier nach wie vor angenommene evolutionär basierte Unterschiede zwischen Männern und Frauen in räumlichem Verhalten und räumlicher Kognition zum Tragen? Und falls ja, wie äußern sich diese? Diesen Fragen gingen ForscherInnen der Universität Wien nach. Sie untersuchten in einer 2014 veröffentlichten Studie

Geschlechterunterschiede im Hinblick auf die Größe und den Aufbau urbaner Home Ranges und auf die Genauigkeit deren mentaler Repräsentation in Form kognitiver Karten. Home Ranges sind so genannte „Streifgebiete", ursprünglich ein eher zoologisch geprägter Begriff, aber dennoch auf räumliches Verhalten von Menschen anwendbar. Sie stellen jenen Raum dar, der die Plätze beinhaltet, die ein Individuum nutzt und mit denen es vertraut ist. Kognitive Karten können als strukturierte Repräsentation der Umwelt verstanden werden, die ein Individuum in Interaktion mit ebendieser aufbaut und es ihm ermöglicht, räumliche Informationen über die Umwelt gezielt wieder abzurufen (Abb. 20.1).

In der genannten Studie wurden knapp 90 Probandinnen und Probanden zunächst gebeten, ihre Home Range innerhalb Wiens zu zeichnen. Es wurden keinerlei Vorgaben bezüglich der Art des Zeichnens gemacht, es sollten lediglich auf irgendeine Weise alle Orte abgebildet werden, die die Person regelmäßig besucht. Zu jedem der eingezeichneten Orte wurden mittels Fragebogen Informationen zu Aspekten wie zum Beispiel Nutzung, persönlicher Bedeutung oder Nutzungshäufigkeit erhoben.

Folgende Aspekte wurden schließlich analysiert: Wie waren die Zeichnungen inhaltlich aufgebaut? Wie viele Landmarks wurden eingezeichnet? Und wie viele Routen? Wie groß war die Home Range tatsächlich? Und gab es diesbezüglich Unterschiede abhängig vom Geschlecht? Wie exakt waren die kognitiven Karten? Und welche Faktoren hatten Einfluss auf die Genauigkeit?

Um dies herauszufinden, wurden zunächst die realen Karten der Home Ranges anhand der Adressen der eingezeichneten Orte in Google Maps generiert, sodass es möglich war, die tatsächliche Größe der Home Ranges zu ermitteln. Darüber hinaus wurden die Zeichnungen in Bezug auf die Verwendung von Landmarks und Routen analysiert. Die Genauigkeit der kognitiven Karten wurde ermittelt, indem die realen Karten der Home Ranges mit den Zeichnungen verglichen wurden. Dazu wurde die mathematische Methode von Geometric Morphometrics

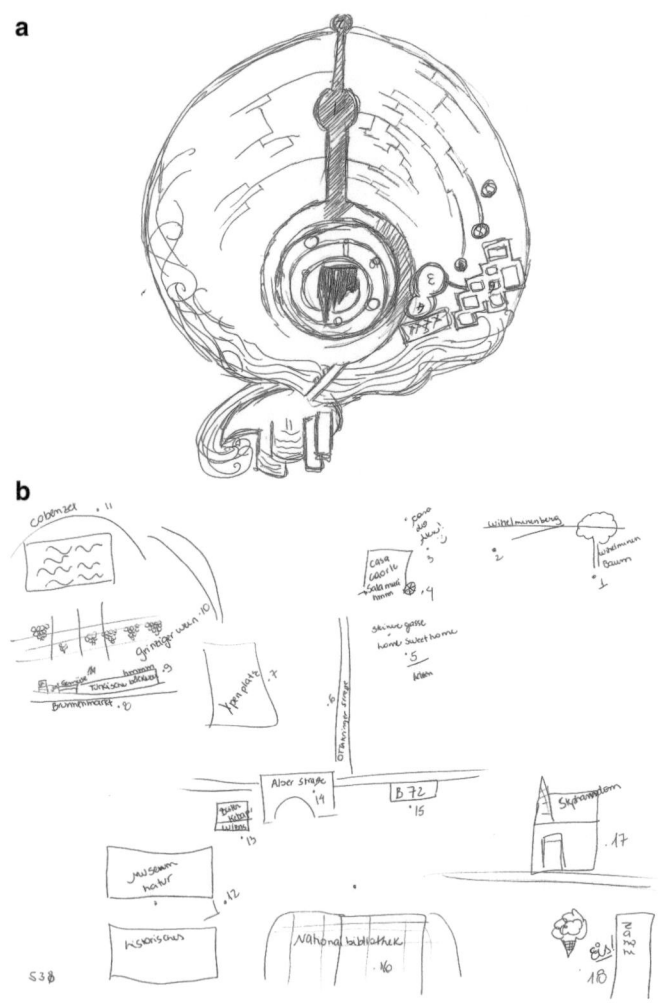

Abb. 20.1 Urbane Streifgebiete haben nicht nur eine physische Ausdehnung, sondern sind auch kognitiv repräsentiert. Die Streifgebiete von Männern und Frauen unterscheiden sich

angewendet, um die euklidischen Distanzen zwischen homologen Punkten auf beiden Karten zu errechnen.

Die Untersuchung der Zeichnungen zeigte keinen Unterschied zwischen Männern und Frauen in der Verwendung von Routen und/oder Landmarks, was jedoch auf Basis der Annahme, dass sich Frauen in räumlichem Verhalten und räumlicher Kognition stärker an Landmarks orientieren als Männer, zu vermuten gewesen wäre. Dieses Ergebnis könnte Resultat der Offenheit der Aufgabenstellung sein. Die ProbandInnen wurden nicht explizit dazu aufgefordert, Orientierungsobjekte in die Skizzen einzuzeichnen. Insgesamt wiesen die Zeichnungen eine entsprechend geringe Anzahl sowohl an Routen, als auch an Landmarks auf. Auch die Annahme, dass Männer eine größere Home Range besitzen als Frauen, konnte in dieser Studie nicht bestätigt werden. Zwar waren die Home Ranges der männlichen Teilnehmer tendenziell größer als die der weiblichen, doch war dieser Unterschied nicht statistisch signifikant. Möglicherweise liegt das Ergebnis zumindest teilweise im Einfluss einer urbanisierten Umwelt begründet. In einer Großstadt liegen alle Orte mit hoher funktioneller Wichtigkeit wie zum Beispiel Einkaufsmöglichkeiten in relativ geringer Entfernung, ganz egal, wo man wohnt. Dementsprechend ergibt sich gar keine Notwendigkeit, sich eine besonders große Home Range anzueignen. Potenziell existieren also zwar theoretisch evolutionär begründete Unterschiede zwischen Männern und Frauen in Bezug auf die Größe der individuellen Home Range, doch die urbane Umwelt gibt durch ihren Aufbau so feste Strukturen vor, dass sich solche geschlechtsspezifischen Unterschiede in der Praxis nicht zeigen.

In Bezug auf die Genauigkeit der kognitiven Karten jedoch zeigte sich der erwartete geschlechtsspezifische Unterschied: Obwohl die kognitiven Karten aller ProbandInnen unerwartet genau im Vergleich mit den realen Karten waren, waren die Zeichnungen der Männer insgesamt signifikant genauer als die der Frauen. Interessanterweise ergab sich bei den weiblichen Teilnehmerinnen eine

> weitere Abhängigkeit hinsichtlich der Genauigkeit der kognitiven Karten. Je länger sie in Wien lebten, desto genauer waren die mentalen Repräsentationen ihrer Home Ranges. Die kognitiven Karten wiesen also einen starken Einfluss durch Erfahrung mit der räumlichen Umwelt auf. Bei den männlichen Teilnehmern zeigte sich dieser Zusammenhang nicht, was darauf hindeutet, dass Männer sich aufgrund einer besseren euklidischen räumlichen Kognition schneller ein genaues Bild der räumlichen Umwelt aneignen und einprägen. Insgesamt war die Genauigkeit, unabhängig vom Geschlecht, auch bedingt durch die Größe der Home Range und die Anzahl der eingezeichneten Orte. Je größer die Home Range war bzw. je mehr regelmäßig besuchte Orte es gab, desto höher war die Genauigkeit der mentalen Repräsentation. Dies stimmt mit der Annahme überein, dass sich gesteigerte räumliche Fähigkeiten als Adaptation auf eine größere Home Range und das damit zusammenhängende Zurücklegen weiterer Strecken entwickelt haben.
>
> Die besprochene Studie kann als Beispiel dafür dienen, wie komplex die Untersuchung räumlichen Verhaltens im urbanen Raum aus evolutionspsychologischer Perspektive ist. Einige der angenommenen Unterschiede zwischen Männern und Frauen in räumlichem Verhalten und räumlicher Kognition können auch im urbanen Raum nachgewiesen werden, andere scheinen in dieser Umwelt in den Hintergrund zu treten. Insgesamt bleiben aber noch viele Fragen offen, ob und inwiefern Adaptationen, die sich in der Environment of Evolutionary Adaptedness herausgebildet haben, in der heutigen urbanen Umwelt, die eine gesteigerte Komplexität mit sich bringt, noch funktional sind.

Das Kerngebiet **Heim** erfüllt eine Reihe von Funktionen. Der Schutz vor der Witterung und diversen Gefahren war die evolutionäre Wurzel der Behausungen. Des Weiteren dient das Heim der Ressourcenlagerung. Die

Hauptbedeutung liegt aber in den sozialen Aspekten dieses Territoriums: Vor allem im urbanen Umfeld spielt die Privatheit, die Rückzugsmöglichkeit, die das Heim verkörpert, eine besondere Rolle. Hier können wir **exklusive Territorialität** leben und sind anderen Menschen nicht ausgesetzt. Hier können wir Kontrolle ausüben, was uns in öffentlicheren Bereichen nicht möglich ist. Das Heim setzt sich zusammen aus funktionalen Kleinterritorien, also Bereichen, die sich sowohl durch ihre spezifische Nutzung als auch durch die territorialen Ansprüche unterscheiden.

Überdies erfüllt das Heim eine **gesellschaftliche Funktion**. Es kann als Statussymbol dienen und durch seine Gestaltung die Verfügbarkeit von Ressourcen, aber auch die Zugehörigkeit zu einer sozialen Gruppe signalisieren. Die Kommunikation von derlei gesellschaftswirksamen Informationen erfolgt darüber hinaus durch das Einsetzen von **Markierungen** nach außen, die zugleich als territoriale Marker fungieren. Markierungen, die durch explizite Schilder und verbale Anweisungen das Verhalten von anderen regulieren, geben territorialen Ansprüchen Ausdruck. Schilder können sehr direkt Verhaltensregeln aussprechen („Betreten verboten") oder auch indirekter („Vorsicht bissiger Hund"). Beide Schilder bezwecken, dass Unbefugte das Territorium nicht betreten.

Dies lässt sich aber auch durch **indirekte Markierungen** erreichen, und oft sind diese sogar effektiver als explizite Warnungen. Eine individuelle Gestaltung des nach außen sichtbaren Bereiches kommuniziert dessen Charakter als individuelles Territorium nach außen. So kann man den Vorgarten mit Figuren oder Gartenzwergen schmücken oder auch individuell bepflanzen. Studien haben gezeigt, dass eine aufwendige Gestaltung von Vorgärten kriminelles Verhalten eindämmt. Durch die Art der Gestaltung kann man auch die Zugehörigkeit zu einer Gruppe zum Ausdruck bringen. Offenbart sich etwa auf diese Weise, dass die Nachbarn ähnliche Vorlieben haben, signalisiert man dadurch nach außen, dass es sich um eine Gruppe handelt, die auch füreinander Verantwortung übernimmt. Das vermittelt einem Nichtmitglied die Botschaft, dass ein Brechen der örtlichen Regeln nicht nur den Unmut einer einzelnen Person nach sich zieht.

Indirekte Markierungen sind oft effektiver als direkte, sind sie doch auch Zeichen dafür, dass sich jemand um diesen Bereich kümmert. Sie fungieren also gewissermaßen als Stellvertreter für eine Person. Markierungen im halböffentlichen Raum senden noch eine weitere indirekte Botschaft: Es ist möglich, etwas im halböffentlichen Raum zu belassen, ohne dass es gestohlen oder beschädigt wird. Außendekorationen können demnach Schutz vor Vandalismus und Kriminalität bieten, weil sie Vertrauen signalisieren, das auf dem Vorhandensein eines funktionierenden informellen sozialen Kontrollsystems beruht.

Neben dem Heim ist der **Arbeitsplatz** das wichtigste Kerngebiet des typischen Städters, wo wir einen substanziellen Anteil unserer Wachzeit verbringen. Auch am Arbeitsplatz ist die Möglichkeit, territoriale Ansprüche zu erheben, von ganz zentraler Bedeutung. Der jüngste Trend zum sogenannten **Desksharing** – also weg von fix zugeteilten Arbeitsplätzen – ist im Licht der menschlichen Verhaltenstendenzen kritisch zu betrachten. Durch Desksharing lassen sich Kosten reduzieren, da nicht jeder Mitarbeiter einen individuellen Bereich zugesprochen bekommt.

Ursprünglich bei Unternehmen mit hohem Außendienstanteil eingeführt, wo Mitarbeiter nur für wenige Stunden pro Woche, wenn überhaupt, physisch anwesend sind, war dies eine Möglichkeit, die Infrastrukturkosten signifikant zu senken. Wenn der Arbeitsplatz so selten genutzt wird, sind auch kaum negative Konsequenzen damit verbunden, dass es keine individuellen Territorien gibt. Da die Arbeitswelt zunehmend durch Flexibilität gekennzeichnet ist und Teilzeit, Gleitzeit und Teleworking in vielen Unternehmen Realität sind, wird Desksharing auch für diejenigen Mitarbeiter zum Thema, die im Unternehmen nahezu Vollzeit arbeiten. Das Bestreben, durch Desksharing und die damit reduzierte Anzahl an Arbeitsplätzen Kosten zu sparen – neben geringeren Mieten sinken auch die Infrastrukturkosten –, erhöht jedoch einen anderen Kostenfaktor, der schwerer messbar ist und deshalb in den Kalkulationen meist nicht auftaucht: Das Unterbinden von Territorialität übt einen negativen Einfluss auf das Wohlbefinden und die Produktivität der Mitarbeiter aus.

Territorialität ist ein grundlegendes menschliches Bedürfnis. Das Vorhandensein einer **territorialen Struktur** erhöht das Sicherheitsgefühl und reduziert so die erforderliche Vigilanz. Demzufolge können wir uns besser auf die Lösung der Aufgaben konzentrieren, die unser Beruf uns stellt. Wie wichtig uns Territorialität am Arbeitsplatz ist, erkennt man an der Tendenz, Arbeitsplätze zu markieren. Diese Marker dienen zum einen der Kommunikation territorialer Grenzen und zum anderen der Personalisierung des Arbeitsplatzes.

Zimmerpflanzen spielen hier eine ganz wichtige Rolle: Sie können als individuelle territoriale Marker fungieren und zugleich als **biophiler Stimulus** die Arbeitsleistung steigern. Auch hier wird leider oft an der falschen Stelle gespart: Weil Pflanzen Pflege benötigen und die Reinigung aufwendiger machen, versuchen manche Betriebe, sie aus den Büros zu verbannen. Direkt anfallende, offensichtliche und leicht messbare Kostenfaktoren stehen hier einem indirekten und schwer quantifizierbaren Nutzen gegenüber. Da in der profitorientierten Welt Faktoren wie individuellem Wohlbefinden kaum Raum geboten wird, brauchen wir eine Bewusstseinsbildung, die die Einsicht fördert, dass die Berücksichtigung persönlicher Verhaltenstendenzen durchaus profitabel sein kann. Also mag der individuelle Arbeitsplatz mit Pflanzendekoration zwar unmittelbar Kosten wie Miete, Infrastruktur und Reinigung verursachen. Diese sind jedoch vernachlässigbar gegenüber dem Nutzen, der aus Biophilie und einer territorialen Struktur erwächst.

Neben der territorialen Struktur sind auch die physischen Merkmale, die **Überblick** und **Zuflucht** gewähren, für die Qualität eines Arbeitsplatzes ausschlaggebend. Vor allem in Großraumbüros sind dies besonders geschätzte Faktoren. Dort bedeutet die Anwesenheit von vielen Menschen auf engem Raum den Verlust von Privatsphäre, und Zuflucht in Form von einer geschützten Nische bietet uns einen Ausgleich dafür. Der Überblick ermöglicht uns, zumindest teilweise die Kontrolle darüber zu bewahren, was im Umfeld passiert. Deshalb sollte man bei der Ausstattung von Büros darauf achten, die Arbeitsplätze so anzuordnen, dass sie einen geschützten Rücken und einen guten Überblick bieten. Inwieweit die erhöhte Vigilanz in Großraumbüros die Effizienz und Qualität der Arbeitsleistung beeinträchtigt, bleibt noch zu überprüfen.

Die Anzahl der Wände, die den Arbeitsplatz umschließen, korreliert mit dem **Status** des Beschäftigten in der Firma. Im großen wandlosen Massenbüro sitzen diejenigen Mitarbeiter, die im Unternehmen einen niedrigen Status innehaben. Je höher der Status wird, desto mehr Privatsphäre gewährt das Büro – erst durch die umgebenden Wände und zuletzt durch verschließbare Türen. Auch die Größe des Schreibtisches korreliert mit dem Status, wobei diese Korrelation oft nicht wirklich funktional erscheint, da der riesige Schreibtisch des Vorstandsvorsitzenden häufig nahezu leer ist, während auf Schreibtischen von statusniedrigeren Mitarbeitern meist Platzmangel herrscht. Dies deutet darauf hin, dass die Schreibtischgröße eine andere Funktion erfüllt: Auf subtile Weise reguliert sie den Individualabstand. Je größer der Schreibtisch ist, desto größer ist wahrscheinlich auch der Statusunterschied zwischen demjenigen, der hinter dem Schreibtisch sitzt und demjenigen, der zu einem Gespräch geladen wurde.

In der Arbeitswelt wird das **Wohlbefinden** der Mitarbeiter oft als ein verzichtbarer Bonus betrachtet. Deshalb ist es besonders wichtig, ein Bewusstsein dafür zu schaffen, dass die Arbeitsleistung stark vom individuellen Befinden abhängt. Einzelne Vorzeigeprojekte konnten bereits eindrucksvoll demonstrieren, dass es sich nicht nur menschlich lohnt, Arbeitsplätze entsprechend den Bedürfnissen der Mitarbeiter zu gestalten, sondern auch ökonomisch. Mitarbeiter, deren Verhaltenstendenzen berücksichtigt und deren Bedürfnisse befriedigt werden, machen sich bezahlt – weniger Krankenstandstage, bessere Koordination und Kooperation sowie erhöhte Produktivität sind nur einige der positiven Effekte, die wissenschaftlich nachgewiesen wurden.

Das Heim und der Arbeitsplatz sind diejenigen Territorien, die wir am häufigsten nutzen und wo die Möglichkeit, territoriale Ansprüche geltend zu machen, am wichtigsten ist.

21

Meine Gegend – Nachbarschaften

Das Heim ist nicht von amorphem öffentlichem Raum umgeben, sondern von der Nachbarschaft. Diese gestattet im Idealfall eine Ausdehnung der territorialen Struktur über die Grenzen des Heimes hinaus. Wir praktizieren Territorialität folglich auch jenseits des Bereiches, auf den wir einen Besitzanspruch haben: Indem wir uns mit Bereichen im Umfeld der Nachbarschaft identifizieren und sie kontrollieren, entsteht eine territoriale Struktur (Abb. 21.1).

Nachbarschaften haben neben der räumlichen auch eine soziale Dimension – sie konstituieren sich aus den Menschen in der Umgebung unseres Heimes und den physischen Eigenschaften dieses Umfeldes. Nicht jede Nachbarschaft funktioniert gleich; eine Reihe von Eigenschaften prägt ihren Charakter. Diese spezifische Qualität wird dadurch verstärkt, dass sich Personen mit

Abb. 21.1 Die Abgrenzung von Gärten lässt auf die nachbarschaftliche Struktur schließen

vergleichbaren Vorlieben und Verhaltenstendenzen in Nachbarschaften zusammenfinden. Soziale Faktoren wie **Gruppenidentifikation** oder **Gemeinschaftsgefühl** können eine Nachbarschaft nachhaltig prägen. Insbesondere wenn sich die Bewohner stark mit ihrer physischen und sozialen Umgebung identifizieren, üben sie auf diese einen großen Einfluss aus und verstärken die spezifischen Qualitäten, die sie ursprünglich zu der Identifikation motiviert haben.

Die Gründe, warum eine bestimmte Nachbarschaft für den Einzelnen besonders attraktiv ist, sind vielgestaltig. So können Nachbarn mit ähnlichen Interessen oder **ähnlichem kulturellen Hintergrund** anziehend wirken, da man hier von Menschen umgeben ist, mit denen man eine gemeinsame Basis hat. In nordamerikanischen Städten drückt sich dies in Stadtvierteln aus, die überwiegend von einer ethnischen Gruppe bewohnt werden. In fast jeder nordamerikanischen Großstadt gibt es ein „Chinatown" und ein „Little Italy". Diese Nachbarschaften, die über ethnische Gruppen definiert werden, gründen sich teilweise auf gemeinsame Bedürfnisse, denn die Infrastruktur richtet sich nach der Nachfrage. Die Geschäfte führen Waren, die typisch für die Küche der jeweiligen Gruppe sind; die Orte zur Ausübung der Religion – Kirchen, Moscheen, Synagogen oder Tempel – und die Kulturangebote entsprechen den ethnisch geprägten Gepflogenheiten. In Zeiten der Globalisierung schätzt man zudem die Möglichkeit, kulturspezifischen Aktivitäten auch fern des Heimatlandes nachzugehen. Und dies lässt sich besser umsetzen, wenn Menschen mit dem gleichen ethnischen Hintergrund nicht weit verstreut wohnen.

Kulturelle Unterschiede in Lebensweisen und Verhaltenstendenzen können die Quelle von Missverständnissen und Konflikten sein, wie etwa die unterschiedliche Bedeutung von Territorien in verschiedenen Kulturen gezeigt hat. Durch die Entwicklung von Nachbarschaften mit gemeinsamem ethnischem Hintergrund lässt sich dieses Konfliktpotenzial reduzieren. Jene Elemente in unserer Umgebung, denen wir unfreiwillig ausgesetzt sind, schätzen wir weniger als jene, mit denen wir aus freien Stücken interagieren. Demzufolge bewirkt die Möglichkeit zur Territorialität eine Zunahme an sozialer Interaktion. Idealerweise bietet das urbane Leben Raum für beides: Das Zusammenfinden von Menschen mit ähnlichen Bedürfnissen in Nachbarschaften und daneben Interaktionsflächen, wo die Begegnung mit Diversität möglich ist. Auch bestimmte **Lifestyle-Gruppen** finden sich oft in Nachbarschaften zusammen. Hier bestehen ebenfalls ähnliche Ansprüche, die auf ähnliche Lebensstile zurückgehen. Lifestyle-Viertel ziehen Menschen an, die in bestimmten Lebensphasen stehen – man denke an Studentenviertel – oder spezifische Interessen haben – Beispiele sind Künstlerviertel wie Soho in London, Greenwich Village in New York oder das Freihausviertel in Wien.

Bestimmte Eigenschaften ziehen also eine bestimmte Gruppe von Nutzern an, die diese Eigenschaften wiederum verstärken. So entsteht eine räumlich konzentrierte Interessensgemeinschaft. Die Qualität von Nachbarschaften ist nicht statisch, sondern vielmehr zeitlich dynamisch. Die Attraktivität für bestimmte Nutzergruppen führt zu transitorischen Effekten, indem die Attraktivität allgemein steigt, folglich die Immobilien begehrter und teurer werden, weswegen sich die ursprünglichen Bewohner die Mieten nicht mehr leisten können und durch finanzkräftigere Bevölkerungsgruppen verdrängt werden. Diese Entwicklungen betreffen häufig Künstlerviertel, die ursprünglich da entstehen, wo Mieten leistbar sind. Durch die Aktivitäten der Künstler wird die Qualität der Gegend verändert, es entsteht eine Kunst- und Lokalszene, die in weiterer Folge auch von anderen Bevölkerungsgruppen genutzt wird. Neben solch informellen Prozessen steigern auch bewusst eingesetzte stadtplanerische Maßnahmen die Attraktivität von Nachbarschaften, was die erwähnte Verdrängung finanzschwächerer Bevölkerungsgruppen zur Folge hat.

Nachbarschaften sind in Form von **kognitiven Karten** in unseren Köpfen repräsentiert, und diese kognitiven Karten weichen in ganz bestimmter Weise von der Geografie der einzelnen Lokalitäten ab. Männer sind in der Lokalisation dieser Orte ein wenig korrekter als Frauen; allerdings wird dieser Geschlechterunterschied durch die Nutzungshäufigkeit und die Aufenthaltsdauer moduliert. Die sozialen und emotionalen Assoziationen mit dem erweiterten Territorium Nachbarschaft erzeugen im Nutzer eine Identifikation, die sich auf das Wohlbefinden und das Sicherheitsgefühl auswirkt.

Die Soziologen Rachelle und Donald Warren haben eine **Klassifikation von Nachbarschaftstypen** nach sozialen und territorialen Charakteristika vorgenommen. Die zentralen Eigenschaften sind Identifikation, Integration, geteilte Normen und Vernetzung nach außen. Identifikation ist gekennzeichnet durch das Gefühl, zu einer Gruppe zu gehören, ein gemeinsames Schicksal mit anderen zu teilen; es existiert ein Bewusstsein dafür, was die Nachbarschaft ausmacht und welche physischen Orte damit verbunden sind. Ist die Identifikation stark ausgeprägt, ist das soziale Miteinander harmonisch, auch weil die Nachbarn Werte und Interessen miteinander teilen. Zudem vertrauen die Nachbarn einander und beaufsichtigen beispielsweise wechselseitig ihre Kinder. Integration entsteht durch die Regelmäßigkeit und Intensität sozialer Kontakte mit den Nachbarn. Gemeinsame Ziele können die Kohäsion ebenso fördern wie direkte soziale Interaktionen; das Bewusstsein für Gruppenzusammenhalt kann Menschen für gemeinsame Aktivitäten, gegenseitige Unterstützung und Gruppenprojekte zusammenführen.

Die Gruppenorientierung beeinflusst die Normen und folglich das Verhalten: Wie viel Bedeutung wird der Gemeinschaft relativ zu individuellen Zielen zugemessen, wie sehr beeinflusst die Gemeinschaft die Entscheidungsfindung, wie stark sind Normen ausgeprägt und wie hilfreich sind sie bei der Ausübung von sozialer Kontrolle? Stark ausgeprägte Normen bewirken, dass Verantwortung übernommen wird für die Sicherheit von Kindern, für den Zustand der Umgebung, für das soziale Miteinander und für die Infrastruktur der Nachbarschaft. Die Vernetzung nach außen entsteht durch Kontakte der Individuen zu anderen Gruppen und Ressourcen. Je stärker diese Vernetzung nach außen ausgeprägt ist, desto besser funktioniert die Versorgung mit Informationen und Ressourcen, und desto stabiler ist die Nachbarschaft im größeren Ganzen verankert.

Eine **integrale Nachbarschaft** zeichnet sich durch starke Identifikation aus: Man ist stolz, dort zu wohnen, und tut dies auch kund. Darüber hinaus sind die Nachbarn durch einen hohen Grad an Interaktion aneinander gebunden: Man kennt sich, pflegt soziale Beziehungen und leistet Nachbarschaftshilfe. Zugleich ist die integrale Nachbarschaft offen nach außen, das heißt, die einzelnen Bewohner verfügen über starke Vernetzungen mit anderen Bereichen. Den Ideen von Le Corbusier folgend, herrscht dort eine geografische Trennung von Arbeitsplatz und Wohnort.

Die **parochiale Nachbarschaft** weist wie die integrale eine starke Identifikation und Integration auf, ihr fehlen aber die Vernetzungen nach außen. Es handelt sich um eine Gemeinschaft mit einem betont ethnischen oder anderweitig homogenen Charakter, die relativ unabhängig von der größeren Gesamtheit ist. Die ausgeprägten

Normen unterdrücken alles, was nicht den Werten der Gemeinschaft entspricht.

Diffuse Nachbarschaften sind zwar durch eine starke Identifikation gekennzeichnet, aber Integration und Normen sind nicht vorhanden. Diese Nachbarschaften entstehen dadurch, dass der gute Ruf einer Gegend neue Bewohner anzieht. Das aktive Leben und Miteinander mit den Nachbarn fehlt jedoch, weil man seine sozialen Bedürfnisse anders befriedigt.

Transitorische Nachbarschaften entstehen durch eine sehr hohe Turnover-Rate. Die durchschnittliche Nutzungsdauer ist nicht lang genug, um Identifikation, Integration und Normen aufzubauen. Dementsprechend gibt es auch keine stabilisierenden Merkmale innerhalb dieser Nachbarschaft.

Die **anomischen Nachbarschaften** sind dadurch charakterisiert, dass sich die Bewohner nicht mit dieser Nachbarschaft identifizieren und nicht miteinander interagieren. Es herrschen also Anonymität und Isolation, während soziale Normen und Kontrolle fehlen. Die große soziale Distanz zwischen den Menschen macht es unmöglich, die Gemeinschaft zu gemeinsamen Aktionen zu mobilisieren (Tab. 21.1).

Tab. 21.1 Nachbarschaftsklassifikation nach Warren und Warren (1977)

Nachbarschaftstyp	Identifikation	Integration	Vernetzung
Integral	Hoch	Hoch	Hoch
Parochial	Hoch	Hoch	Gering
Diffus	Hoch	Gering	Hoch
Transitorisch	Gering	Gering	Hoch
Anomisch	Gering	Gering	Gering

21 Meine Gegend – Nachbarschaften

Die Qualität einer Nachbarschaft hängt von sozialen Faktoren ab: Wie stark ist die Identifikation mit den Nachbarn, wie intensiv die Interaktion mit ihnen, und wie gut ist die Nachbarschaft nach außen verankert?

22

Kniffe für den Umgang mit sozialer Komplexität

Unsere sozialen Fähigkeiten bauen auf unseren evolutionär entstandenen Anlagen auf. Robin Dunbars Hypothese zum sozialen Gehirn postuliert eine Gruppengröße von circa 150 Individuen als jene, mit der unsere Gehirne gerade eben noch zurechtkommen. Die Urbanisierung führt dazu, dass die soziale Komplexität diese Zahl um mehrere Zehnerpotenzen übersteigt. Würden wir den Versuch unternehmen, alle Bewohner einer Stadt wie echte Gruppenmitglieder zu behandeln, könnte unser Gehirn dies nicht verarbeiten.

Deshalb entsteht in urbanen Gesellschaften unweigerlich **Anonymität:** Indem wir mit Scheuklappen durch die Straßen gehen und Menschen gar nicht individuell wahrnehmen, reduzieren wir die Menge an sozialer Information, die wir verarbeiten müssen. Auf diese Weise können wir zwar die kognitive Belastung reduzieren, nehmen dafür aber die negativen Konsequenzen der Anonymität in Kauf. Wir verlieren die Kontrolle über unser soziales Umfeld, und dadurch werden integrative Aspekte vernachlässigt. Neben den aktiven sozialen Kontakten, die wir selbst herbeiführen, die erwünscht sind und die dazu dienen, bestimmte Bedürfnisse zu befriedigen, sind wir in der Stadt laufend passiven sozialen Kontakten ausgesetzt, die unvermeidlich dadurch entstehen, dass andere sich in denselben Bereichen bewegen wie wir selbst. Und diese passiven sozialen Kontakte wirken sich negativ auf unser Wohlbefinden aus.

Es gibt eine Reihe bewährter Kniffe und Tricks, um der Herausforderung des Zusammenlebens in solch großen Gruppen zu begegnen. Uns kommt zugute, dass die Großstadt in Subgruppen zerfällt und dabei sogenannte **funktionelle Prototypen** entstehen. Diese repräsentieren diejenigen Gruppen von Menschen, die bestimmte Funktionen erfüllen. Das versetzt uns in die Lage, mit solchen Personengruppen adäquat umzugehen, ohne die individuellen Personen zu kennen. Ein Beispiel für einen funktionellen Prototypen ist der Postbote im weitesten Sinne. Dieser Prototyp ist assoziiert mit konkreten Verhaltensweisen – er bringt die Post – und entsprechenden eigenen Aktionen – wir öffnen die Tür, nehmen Sendungen entgegen, lassen diese sogar unter Umständen in unser Heim tragen. Somit bringen wir dem Boten ein Vertrauen entgegen, das auf den entsprechenden funktionellen Prototypen beschränkt ist und nicht auf alle Menschen in der Stadt ausgedehnt wird. Funktionelle Prototypen gestatten uns also, soziale Regeln zu etablieren, die ohne individuelle Basis auskommen. Auf diese Weise lässt sich das Miteinander mit relativ geringem kognitiven Aufwand regulieren.

Nach und nach können die durch funktionelle Prototypen definierten Subgruppen vernetzt und hierarchisch strukturiert werden, sodass man einem intakten sozialen Gefüge in der Großstadt immer näher kommt. Die derart reduzierte Komplexität kombiniert mit sozialen Normen erlaubt uns, in Großstadtverbänden zu funktionieren. Normen definieren Verhaltensweisen, die bestimmten Situationen und Prototypen entsprechen, und geben somit ein Regelwerk für einen Großteil unserer sozialen Interaktionen vor. Auf der Basis dieses Regelwerkes können wir Vorhersagen machen, die dazu beitragen, den Unsicherheitsfaktor zu reduzieren. Die Möglichkeit, Vorhersagen zu treffen, lässt ein Gefühl von Kontrolle entstehen, welches wiederum Stress reduzierend wirkt. Wir können also mithilfe funktioneller Prototypen und Normen Interaktionen regulieren, ohne eine individuelle dyadische Beziehung definieren und verstehen zu müssen.

Durch den Einsatz von kognitiven Strategien lässt sich die soziale Komplexität von urbanen Lebensräumen auf ein bewältigbares Maß reduzieren.

23

Wir passen aufeinander auf

Die Art, wie Nachbarschaften funktionieren, kann einen massiven Einfluss auf die Sicherheit haben und Kriminalität sowie Vandalismus und Verwahrlosung regulieren helfen. An diesem Effekt sind sowohl soziale als auch strukturelle Elemente von Nachbarschaften beteiligt.

Die richtige Gestaltung von Strukturelementen schafft die Basis für ein optimales Zusammenspiel der sozialen Komponenten. Durch die Förderung einer **territorialen Struktur,** die über das eigene Heim hinausgeht, entsteht Identifikation mit halböffentlichen und öffentlichen Bereichen. Wir übernehmen **Verantwortung** für Bereiche, mit denen wir uns identifizieren, und kümmern uns um ihre Instandhaltung. Der territoriale Anspruch geht überdies mit dem Ausüben von **Kontrolle** einher. Demnach beeinflusst die territoriale Struktur einerseits unser Verhalten, und andererseits verstärkt dieses Verhalten die territoriale

Identifikation. Diese positive Rückkoppelung führt dazu, dass der öffentliche Raum informell überwacht wird. Wenn die Strukturelemente eine derartige graduelle Territorialität zulassen, wird diese Verantwortung im öffentlichen Bereich geteilt. Das heißt, mit der Investition eigener Verantwortlichkeit und Kontrolle geht die Erwartung einher, dass auch andere Personen Verantwortung und Kontrolle übernehmen. Diese geteilte Aufmerksamkeit hat ein verstärktes Sicherheitsgefühl zur Folge.

Das sichtbare Vorhandensein von **Markierungen** besonders im halböffentlichen bis öffentlichen Bereich wirkt kriminalitätsdämpfend. Diese Markierungen signalisieren: „Hier ist jemand" und geben persönliche Informationen über den Markierenden preis. Zudem bezeugen sie auch indirekt durch ihre Existenz, dass niemand sie stiehlt und sie folglich respektiert werden. Das wiederum bedeutet, dass es hier sich um eine sichere Nachbarschaft handelt. Durch aktives Handeln, die aktive Anteilnahme am Zustand der Umgebung lässt sich die Kriminalität in einer Nachbarschaft effektiv bekämpfen. So kann man etwa eine suburbane Siedlung mit Vorgärten in Ordnung halten, indem man den Rasen mäht und Müll entfernt, oder man ergreift Maßnahmen, die das ästhetische Erscheinungsbild der Gegend aufwerten (Abb. 23.1).

Ein Trend, der in New York entstanden ist und sich von dort aus weltweit verbreitet hat, ist das sogenannte **Guerilla Gardening**. In seiner Urform handelt es sich dabei um die gärtnerische Nutzung einer Fläche, ohne die Erlaubnis der Eigner (einer anderen Person oder der öffentlichen Hand) einzuholen. Daraus haben sich unterschiedliche Formen des urbanen Gärtnerns (Urban

23 Wir passen aufeinander auf

Abb. 23.1 In gut funktionierenden Nachbarschaften ist die Kriminalitätsrate gering. Neben informellen Signalen sind dabei auch organisierte Vereine von Bedeutung

Gardening) entwickelt. Manche Städte haben die Bereitschaft der Anwohner genutzt, Verantwortung für Flächen zu übernehmen, um dadurch Grünflächen bepflanzen zu lassen, die sonst kahl bleiben würden. So übernehmen Menschen die Patenschaft für eine bestimmte Fläche – eine Baumscheibe oder ähnliches – und kümmern sich um Bepflanzung und Pflege. Auf diese Weise verwandelt sich ein brachliegender Bereich in einen kleinen Garten.

Neben der ästhetischen Wirkung solcher urbaner Gärten sind zwei weitere positive Effekte zu erwarten: Durch den Einsatz von Pflanzen wird unsere **Biophilie** angesprochen, und das hat positive Auswirkungen auf unseren physischen und psychischen Zustand. Zudem setzt die individuelle Gestaltung von urbanen Gärten ein subtiles Signal, das Auskunft über die territoriale Struktur in der Nachbarschaft gibt: Hier handelt es sich nicht um eine Grünfläche, die aus Mitteln der öffentlichen Hand instandgehalten wird, sondern hier gibt es echte Menschen, die Verantwortung für den Zustand dieses Gartens übernehmen und somit einen territorialen Anspruch erheben. Dieses Nutzungsverhalten geht mit Kontrolle einher und kann so wiederum für mehr Sicherheit und Ordnung im Umfeld sorgen. In einer Studie in zwei Bezirken Wiens konnten Anna Ensberger und ich zeigen, dass in Eigeninitiative angelegte urbane Gärten das soziale Miteinander in der Nachbarschaft positiv beeinflussen, weil sie die Wahrscheinlichkeit erhöhen, dass Passanten miteinander ins Gespräch kommen (Abb. 23.2).

Das „Grätzel" ist eine Bezeichnung aus dem Wienerischen, die neben der physischen Wohnumgebung auch den sozialen Aspekt der Nachbarschaft mit einschließt. Dieser Begriff ist deshalb für unsere Überlegungen besonders nützlich, da neben den physischen Eigenschaften der Wohnumgebung auch der soziale Aspekt berücksichtigt wird. Verschönerungs- und Erhaltungsmaßnahmen verstärken die Identifikation mit dem eigenen Grätzel. Neben dieser Verstärkung des eigenen territorialen Anspruches beeinflusst man auch das Verhalten der Nachbarn, denn diese werden zur Nachahmung animiert. Das konnten wir auch im Rahmen unseres Experiments zum Urban Gardening beobachten. Wir wurden wiederholt darauf angesprochen, ob wir Hilfe beim Gießen benötigten, und gefragt, ob Anwohner auch selbst etwas anpflanzen dürften. Solche

Abb. 23.2 Urban Gardening als Ausdruck erweiterter Territorialität wirkt sich positiv auf das nachbarschaftliche Funktionieren aus

Nachahmeffekte können in langfristig funktionierende Gemeinschaften münden.

Verstärkt oder überhaupt erst ermöglicht wird das nachbarschaftliche Funktionieren durch bestimmte **Strukturelemente.** Diese Elemente wurden von der Stadt- und Architekturkritikerin Jane Jacobs 1961 beschrieben und unter dem Begriff **Defensible Space** („schützbarer Raum") von dem Architekten und Stadtplaner Oscar Newman 1972 weiter ausgearbeitet. Die grundlegende Idee lautet, dass durch eine Stärkung der territorialen Struktur der Raum, auf den keiner Anspruch erhebt, verkleinert wird. Jener öffentliche Raum ohne Besitzanspruch ist laut Newman der Nährboden des Verbrechens. Der Defensible

Space ist durch die folgenden fünf Faktoren gekennzeichnet: 1) Territorialität – und die damit verbundene Verantwortung und Kontrolle, 2) natürliche Überwachung – die physischen Eigenschaften der Umgebung ermöglichen den Anwohnern, das Geschehen im Auge zu behalten, 3) Image – das Design vermittelt Sicherheit, 4) Milieu – Eigenschaften der weiteren Umgebung, wie die Nähe zu einer Polizeidienststelle oder einer belebten Straße, und 5) sichere angrenzende Regionen – also keine potenziell gefährlichen Objekte wie Fabrikgebäude, die nachts verlassen sind.

Laut Newman können physische Eigenschaften die territoriale Identifikation stärken und die Bewohner auf diese Weise motivieren, Verantwortung zu übernehmen. Ein zentrales Merkmal des Defensible Space ist die hierarchische Strukturierung der Territorialität vom individuellen Heim bis zum öffentlichen Raum. Territorialität ist das stärkste Mittel gegen Kriminalität und Vandalismus. Durch die Anordnung der Wohneinheiten lässt sich der wechselseitige Nutzen verstärken. Die Widmung bestimmter Bereiche für konkrete Zwecke macht Verhalten vorhersagbar: Wege für die Fortbewegung oder Außenbereiche zum Spielen etc. sollten in Relation zu den Wohnungen so angeordnet werden, dass man sie von den privaten Bereichen aus besser überwachen kann. Durch die graduelle Abnahme der Territorialität vom Heim bis zum öffentlichen Raum entstehen halböffentliche Bereiche, die durch die Bewohner kontrolliert werden. In einem funktionierenden Defensible Space ist es üblich, dass die Bewohner Anteil am Geschehen in ihrer Wohnumgebung nehmen. Eindringlinge registrieren diese Wachsamkeit einer

Gemeinschaft und meiden die entsprechenden Nachbarschaften, da sie dort damit rechnen müssen, dass man ihr Eindringen bemerkt und hinterfragt.

Dieses Verhalten wird durch Strukturelemente verstärkt, die es gestatten, informelle Kontrolle auszuüben. In einem Wohnbauprojekt wäre also Folgendes zu bedenken: Bei der Verteilung der Bewohner werden ihre Bedürfnisse bestmöglich berücksichtigt – beispielsweise weist man Familien einen Wohnort in der Nähe des Spielplatzes zu. Der halböffentliche Raum ist so strukturiert, dass er in Subterritorien zerfällt, die die Bewohner nutzen können. Die Anordnung von Wohnbereichen und halböffentlichen Bereichen sowie die Orientierung von Fenstern gestattet es, die halböffentlichen Bereiche vom Heim aus im Auge zu behalten. Zugleich gewährleistet die Beleuchtung, dass keine finsteren Winkel entstehen, während Sichtbarrieren vermieden werden. Der Defensible Space ist kein isolierter Raum, sondern weist Übergänge vom halböffentlichen Bereich zu öffentlichen Ressourcen auf, die es erlauben, die angrenzenden Straßen in den Einflussbereich der Wohnanlage miteinzubeziehen. Dabei sollte die Anzahl der Zugänge beschränkt sein, weil dies die Überwachung erleichtert (Abb. 23.3).

Da der Defensible Space auf informellen sozialen Strukturen beruht, muss durch strukturelle Maßnahmen die Grundlage geschaffen werden, auf der solche sozialen Strukturen entstehen können. So sollte man die Wohneinheiten zu Gruppen zusammenfassen, weil diese die Verantwortlichkeiten leichter und effektiver unter sich aufteilen können als die Gesamtheit der Bewohner einer Anlage. Die Gliederung in physische und soziale **Substrukturen**

Abb. 23.3 Stufenweiser Übergang von territorialer Struktur. Die Grenzen zwischen öffentlichen, halböffentlichen und privaten Bereichen sind durch indirekte Markierungen klar erkennbar. Strukturimmanente Übergänge steigern die Identifikation und die Kontrolle durch die Anwohner

ermöglicht also einerseits das Etablieren einer territorialen Struktur, andererseits aber auch die Entwicklung von sozialen Unterstützernetzwerken.

Auf diese Weise können sich territoriale Strukturen bilden, die durch Bereiche mit unterschiedlicher **territorialer Exklusivität** gekennzeichnet sind: Neben den privaten Bereichen, die nur der Familie zugänglich sind, und den öffentlichen Bereichen ohne territoriale Ansprüche entstehen halbprivate und halböffentliche Bereiche, die von unterschiedlichen Personengruppen genutzt werden, welche auch territoriale Verantwortung übernehmen. Wie bei allen Territorien setzt ein territorialer Anspruch eine regelmäßige Nutzung voraus. Das bedeutet: Der halböffentliche Raum ist so attraktiv zu gestalten, dass er von den Anwohnern auch genutzt wird.

Damit Territorien Konflikte reduzieren können, müssen **Territorialmarker** Bereiche mit unterschiedlichen territorialen Ansprüchen kenntlich machen. Die Übergänge zwischen diesen verschiedenen Bereichen sollten klar erkennbar sein. Reale Barrieren wie Zäune und Tore sind dabei nicht unbedingt erforderlich. Symbolische Barrieren funktionieren teilweise sogar besser: Hecken, ein anderer Bodenbelag oder ein leichter Niveauunterschied genügen, um einen Übergang in der territorialen Struktur zu signalisieren. Individualität erhöht die Wirksamkeit dieser kommunikativen Elemente (Abb. 23.4).

Vor allem wenn Wohnbereiche in überschaubare Segmente unterteilt sind, kann sich eine informelle Kontrolle

Abb. 23.4 Fehlende territoriale Übergänge machen individuelle Freiräume unattraktiv

des halböffentlichen und öffentlichen Raumes etablieren. Wird hingegen die soziale Komplexität zu hoch, ist unweigerlich Anonymität die Folge. Dies führt dazu, dass sich die Bewohner in die eigenen vier Wände zurückziehen, um der kognitiven Belastung durch die überbordende Komplexität zu entkommen. Demzufolge können sich jenseits der Grenzen des Heims keine territorialen Strukturen aufbauen, da die Verhaltens- und Nutzungsvoraussetzungen für Territorialität fehlen. Darum ist Anonymität unbedingt zu vermeiden, wenn eine Nachbarschaft sicher funktionieren soll. Nur mit der Aufteilung in Substrukturen wird es möglich, die kognitiven Einschränkungen der menschlichen sozialen Fähigkeiten zu berücksichtigen und sich der Dunbar-Zahl anzunähern. Wie man Strukturelemente dazu einsetzen kann, die soziale Komplexität überschaubar zu halten, und was geschieht, wenn man dies versäumt, illustrieren Beispiele aus dem sozialen Wohnungsbau.

Nachbarschaftliches Funktionieren beruht auf Territorialität, die über das Heim hinausgeht, und entsprechenden strukturellen Eigenschaften.

24

Der Wiener Gemeindebau als Vorbild für den sozialen Wohnungsbau

Der **soziale Wohnungsbau** (in Österreich „Wohnbau") begann in Wien streng genommen mit dem Zerfall der Monarchie, also nach dem Ersten Weltkrieg. Trotz beschränkter finanzieller Mittel schrieb man in der Zwischenkriegszeit im Roten Wien dem Schaffen von Wohnraum für die arbeitenden Massen eine große Bedeutung zu. In den Jahren von 1920 bis 1934 wurden 348 Wohnanlagen errichtet – das war Wohnraum für 220.000 Menschen. Zum Vergleich ist die gerade entstehende Seestadt Aspern für lediglich 20.000 Menschen geplant. Während Mietskasernen zuvor „außen hui, innen pfui" waren – in der Gründerzeit verbargen sich hinter schön strukturierten Fassaden oft miserable Wohnbedingungen –, verschob sich das Augenmerk nun auf die Wohnqualität, ohne die ästhetischen Ansprüche aufzugeben.

Abb. 24.1 Blick in die Gebäudeschluchten – obere Geschosse mit Loggia, untere Geschosse mit Terrassen und Pflanzentrögen. (Foto: G. Radinger)

Wie wir wohnen wollen

Wohnen im großvolumigen Gebäudeverband
 Von Gregor Radinger

Der räumliche Zuschnitt von Wohnungen, ihr Bezug zum Außenraum, gut organisierte und gestaltete Gemeinschaftsbereiche, aber auch die Lage von Wohnungen innerhalb eines Gebäudeverbandes bestimmen die Akzeptanz und das Verhalten der NutzerInnen und tragen damit zum langfristigen Erfolg von Wohnbauprojekten bei. Am Beispiel eines großvolumigen Wohnkomplexes wurde untersucht, welche Parameter in Bezug auf Orientierung, Höhenlage und wohnungszugeordneter Freiräume besondere Beachtung bei den Menschen, die darin leben, finden.

Als Betrachtungsobjekt wurde der Wohn- und Kaufpark Alt-Erlaa, einer der größten Wohnanlagen Österreichs, ausgewählt. Der Gebäudekomplex befindet sich im 23. Wiener

Gemeindebezirk. Auf einem Areal von 240.000 m² finden ca. 3200 großteils familientaugliche Wohnungen für derzeit ca. 9000 Personen, ein Einkaufszentrum, Ärztezentren, Schulen, Kindergärten, Spielplätze, Tennisplätze, stadtparkgroße Grünflächen, ca. 3400 Parkplätze und diverse Einrichtungen der Naherholung sowie Verwaltungseinrichtungen Platz. Die Anlage wurde in den Jahren 1973 bis 1985 (der Planungsbeginn erfolgte 1968) als neues Wohngebiet von der gemeinnützigen Siedlungs- und Bauaktiengesellschaft (GESIBA) nach Planung der Arbeitsgemeinschaft von Harry Glück & Partner, Kurt Hlaweniczka und Requat & Reinthaller errichtet. Drei etwa 400 m lange, Nord-Süd orientierte Zeilen (Blöcke) weisen Gesamthöhen zwischen 73,6 m und 85,1 m auf und bestehen aus 23 bzw. 27 Stockwerken. Die Entfernung zwischen den Blöcken beträgt 140 m am Sockelbereich und 170 m in den oberen Stockwerken. Die Anordnung der Wohnungen folgt dabei Harry Glücks Konzept des „gestapelten Einfamilienhauses" in Form von Terrassenwohnungen. Die durchschnittliche Wohnungsgröße beträgt 74,5 m², 65 % der Wohnungen weisen mindestens drei Zimmer auf. Jede Wohnung verfügt zumindest über eine Loggia als privaten Freiraum. Deren Gestaltung erlaubt einen freien 180°-Blick nach Norden und Süden. Als Ergänzung zu diesem Konzept sind die Wohnungen in den unteren Geschossen (bis in die zwölfte Etage) mit Pflanztrögen, die auch als Sichtschutz dienen, ausgestattet (Abb. 24.1).

Insgesamt wurden 35 Grundrisstypen geplant. Die Wohnungen folgen dabei dem Konzept von Wohnküchen und getrennt begehbaren Schlafräumen sowie einer großen Anzahl von Schrankräumen. In größeren Wohnungen ist ein zweites Badezimmer vorgesehen. Besonders bemerkenswert ist vor allem das große Angebot an Gemeinschaftseinrichtungen. Insgesamt stehen sieben Hallenbäder, sieben Dachbäder, 20 Saunen, ein Sanarium, ein Dampfbad, vier Infrarotkabinen, sechs Solarien, zwei Tennishallen mit insgesamt drei Plätzen und vier Badmintonplätze zur Verfügung. Die Anbindung des Wohnparks an das Verkehrsnetz liegt unterirdisch. Die unteren beiden Stockwerke bilden dabei die Ebenen mit Parkplätzen, bieten aber auch Platz für eine Müllsammelstelle der MA48 und diverse technische Einrichtungen. Seit 1995 besteht mit der U-Bahn-Station Alt-Erlaa ein direkter Zugang zur U-Bahn-Linie U6.

Wohngespräche
Für die Informationserhebung in Bezug auf die Relevanz von Wohnungsorientierung und -lage im Gebäudeverband sowie privater und halböffentlicher Freiräume auf die Wohnungsakzeptanz wurden im Mai 2016 Interviews mit drei MieterInnen geführt, die in unterschiedlichen Wohnungstypen, Geschossen und Blöcken des Wohnparks leben. Den Gesprächen wurde ein Themenkatalog zugrunde gelegt, der auf die unterschiedlichen Wohnbiografien der befragten Personen, positive und negative Wahrnehmungen hinsichtlich der aktuellen Wohnsituation sowie Wunschszenarien für die ideale zukünftige Wohnumgebung Bezug nahm.

Herr R.
Herr R. lebt mit seiner Lebensgefährtin und einem Hund seit dem Jahr 2003 im Wohnpark Alt-Erlaa. Seine Wohnung befindet sich im nördlichen Abschnitt von Block A, ist nach Osten orientiert und verfügt über drei Zimmer, Küche, Nebenräume sowie einen Freibereich in Form einer Terrasse samt einem großen Pflanzentrog. Vor seinem Einzug in den Wohnpark lebte er im elterlichen Einfamilienhaus im 23. Bezirk und damit unweit seiner aktuellen Wohnung. Der wesentlichste Unterschied zur damaligen Wohnsituation besteht aus Sicht von Herrn F. darin, sich aufgrund seines Mietverhältnisses nicht mehr um die Instandhaltung von Gebäudeinfrastruktur und der großen, privaten Freiflächen kümmern zu müssen. Besonders hingewiesen wird dabei auf das gute Gebäudemanagement in Alt-Erlaa, die gut funktionierende Gebäudetechnik und die vorhandenen Gemeinschaftseinrichtungen, v. a. die Swimmingpools auf dem Dach. Der Aufwand für die Pflege der Wohnung zugeordneten Freibereiches ist überschaubar und mit der Berufstätigkeit von Herrn R. gut vereinbar. Zudem regt die Möglichkeit zur Gestaltung von persönlichem Außenraum dazu an, Pflanzen in den Wohnbereich zu integrieren.

Die Aussicht aus dem Wohn- und Terrassenbereich ist ein besonderes Qualitätsmerkmal. Der private Freiraum wird fast ganzjährig genutzt, sei es als Frühstücks- und Arbeitsplatz oder auch nur, um die Seele baumeln zu lassen und seinen Gedanken nachzuhängen. Die Terrassenüberdachung bietet dabei Witterungs- und vollen Schutz der Privatsphäre. Die Lage der Wohnung im Gebäudeverband wird als ideal wahrgenommen, da der Ausblick nicht durch Nachbargebäude oder einen anderen Block des Wohnparks behindert wird. Der von der U-Bahn und der Straße ausgehende Lärm wird zwar wahrgenommen, allerdings nicht als sehr störend und einem urbanen Umfeld dazugehörig empfunden. Seiner Ansicht nach wird Herr R. dafür durch den großartigen Ausblick, der auch nach vielen Jahren tagtäglich erfreut, entschädigt.

Die Möglichkeit zur Gestaltung eines individuellen Freiraumes trägt wesentlich zum Wohlbefinden in den eigenen vier Wänden bei. Insbesondere die bis in die 12. Etage vorhandenen Pflanzentröge finden in diesem Zusammenhang besondere Erwähnung. Zudem ist aus Sicht von Herrn R. die Windbelastung in den unten gelegenen Bereichen des Blocks noch beherrschbar, was für höher gelegene Wohnungen bezweifelt wird.

Derzeit steht für Herrn F. ein Wohnungswechsel nicht im Raum, allerdings würde ein Umzug dann notwendig werden, wenn sich Nachwuchs in der Familie einstellen sollte. Hauptgrund für eine Übersiedelung wäre dann nicht die Anzahl der Zimmer der Wohnung, sondern ihr zu klein bemessener Stauraum.

Viele BewohnerInnen des Wohnparks, auch Herr R., nutzen die Gemeinschaftseinrichtungen wie die Swimming-Pools auf dem Dach regelmäßig, und für einige wäre es ein Grund für einen Auszug, sollten diese nicht mehr zur Verfügung stehen. Durch die Lage seiner Wohnung hat Herr R. im Sommer die Möglichkeit, den ganzen Tag Sonne zu genießen, und zwar am Vormittag auf seiner eigenen Terrasse und am Nachmittag am Dachschwimmbad. Dies trägt dazu bei, dass Herr R. Erholung innerhalb des Wohnparks findet und einen Großteil seiner Freizeit zu Hause verbringen kann.

Frau P.
Frau P. lebt seit 2008 im Wohnpark Alt-Erlaa. Gemeinsam mit ihrem Ehemann, einer kleinen Tochter und einer Katze bewohnt sie eine nach Osten orientierte Wohnung mit fünf Zimmern samt Nebenräumen und zwei Loggien in einem der oberen Geschosse von Blocks B. Vor ihrem Einzug in Alt-Erlaa lebte die gebürtige Wienerin in unterschiedlichen, teils großvolumigen Mehrparteienhäusern im 19. und 21. Bezirk. Vor allem die Größe ihrer Wohnung ist für Frau P. ein Qualitätsmerkmal, das besondere Wertschätzung findet, ebenso wie Helligkeit und Ausblick. Als nachteilig werden die geringen Abmessungen der einzelnen Zimmer wahrgenommen. Eine vorhandene zweite Loggia wird vor allem für hauswirtschaftliche und weniger für Wohnzwecke verwendet. Sie dient etwa als Raum zum Wäschetrocknen. Als störend nimmt Frau P. manche Gestaltungs- und Farbentscheidungen wahr, etwa die für Fensterrahmen und Fliesen. Auch die Funktionalität und Dichtheit von Fenstern und Außentüren in der hoch-gelegenen Wohnung ist nicht mehr voll gegeben, da die Rahmenelemente heute Verformungen und schadhafte Dichtungen aufweisen.

Für Frau P. kommt eine Übersiedelung innerhalb des Wohnparks derzeit nicht infrage, da die aktuelle Wohnung sehr geschätzt wird. Dazu trägt auch deren Lage innerhalb des Blocks bei. Erst in späterer Zeit, etwa wenn die Tochter die elterliche Wohnung verlassen wird, ist ein Wechsel in eine andere, kleinere Wohnung denkbar. Diese sollte dann größere räumliche Zusammenhänge und keine kleinteilige Grundrissstruktur aufweisen. Aufgrund ihres unverbauten Ausblicks werden dabei jene Wohnungen in Alt-Erlaa als besonders reizvoll erachtet werden, die in Block A und C gelegen und nach Osten bzw. Westen orientiert sind.

Im Falle eines etwaigen Auszugs aus Alt-Erlaa wünscht sich Frau P. für ihre zukünftige Wohnumgebung eine loftartige, offene Wohnung, die sich im städtischen Umfeld befindet.

Frau C.
Frau C. bewohnt seit 2015 eine westorientierte Garconniere mit Loggia im oberen Bereich von Block B. Gemeinsam mit ihren Eltern und Geschwistern verbrachte sie ihre Kindheit und Jugend im Wohnpark Alt-Erlaa in einer Fünfzimmerwohnung in Block A. Danach übersiedelte sie in eine ländliche Gegend und bewohnte später unterschiedliche Wiener Wohnungen in Zentrumsnähe.

Helligkeit und der beeindruckende Ausblick in die Ferne und den Himmel sind für Frau C. wesentliche Qualitätsmerkmale ihrer Wohnung, dazu kommen die Freiraumqualität der Loggia und der fließende Übergang zwischen dem Innen- und Außenbereich. Die Kompaktheit der Wohnparks und der gleichzeitig vorhandene Frei- und Grünraum sowie die Nähe zu Familie und Freunden werden als überaus positiv wahrgenommen. Die vergleichsweise geringe Größe ihrer Wohnung stellt derzeit kein Problem dar. Durch den damit verbundenen geringen Aufwand für Reinigung und Pflege und die einfachen Funktionsabläufe wird darin sogar ein Vorteil gesehen. Als nachteilig werden die punktuell hohen Windbelastungen erachtet, welche etwa die Pflanzenhaltung erschweren. Bei gutem Wetter ist die Loggia jedoch ungestört und sogar als Schlafplatz benutzbar. Beeinträchtigend wirken Verkehrslärm und laute Stimmen aus der Schule im Erdgeschoss.

Vom großen gemeinschaftlichen Freizeitangebot werden insbesondere die Dachswimmingpools hervorgehoben, die auch von Frau C. häufig genutzt werden. Sie tragen dazu bei, dass sie auch ihre Freizeit gern zu Hause in Gesellschaft von Familie und benachbarten Freunde verbringt.

Eine in früherer Zeit von Frau C. gemietete Wohnung im 3. Stock eines Mietshauses in Zentrumsnähe wurde aufgrund ihrer Südorientierung, eines vorhandenen Balkons und des günstigen Grundrisszuschnitts besonders wertgeschätzt und liebevoll als „Sonnendeck" bezeichnet. Diese Wohnung im 12. Bezirk wurde qualitativ als ebenso hochwertig angesehen wie die aktuelle in Alt-Erlaa. Besonders die ruhige Lage, das urbane Umfeld und die Größe zeichneten diese Wohnung aus. Allerdings fehlten der Ausblick und das Freizeitangebot, zudem war der Mietpreis deutlich höher als der aktuelle.

Frau C. erachtet ihre derzeitige Wohnsituation als fast ideal. Einzig die Lärmbelastung und der lange Weg zur Arbeit werden als störend wahrgenommen. Wünschenswert wäre es für sie deshalb, dass die Wohnung in Zentrumsnähe liegen würde und nicht an der Stadtperipherie.

In ihrer Jugend machte Frau C. die Erfahrung, dass außen stehende Personen negative, teils abschätzende Kritik gegenüber dem Wohnpark Alt-Erlaa äußerten. Die Blocks wurden etwa aufgrund ihrer Form als „Atomreaktorkühltürme" bezeichnet. Auch soziale Probleme wurden unterstellt. Befremdlich war für Frau C., dass dieses schlechte Image den tatsächlichen Bedingungen vor Ort nicht entsprach und seine Entstehung unverständlich war. Gleichzeitig waren ihre damaligen Erzählungen von einer Wohnumgebung dieser Dimension und von Dachswimmingpools für viele schier unvorstellbar, und noch heute versetzen diese Einrichtungen BesucherInnen in Staunen.

Ergebnisse und Erkenntnisse
Helligkeit in den Wohnungen, Ausblick und gemeinschaftlich nutzbare Freizeiteinrichtungen sind jene Qualitätsmerkmale, die von den befragten Personen als besonders wesentlich für den Wohnpark Alt-Erlaa erachtet werden. Das großzügige Angebot an gemeinschaftlicher Freizeitinfrastruktur trägt dazu bei, dass man auch in der Freizeit viel Zeit zu Hause verbringt und so die Möglichkeit besteht, auf das Auto zu verzichten. Trotz des großen Abstandes der Baublöcke (140 m bzw.170 m) wird der völlig unverstellte Fernblick als besonders attraktiv erachtet. Daher finden die ostorientierten Wohnungen in Block A und jene mit Westorientierung in Block C besondere Beachtung. In diesen Fällen ist die Höhenlage der Wohnung von sekundärer Bedeutung. Kritisch angemerkt werden die Enge einzelner Zimmer, der fehlende Stauraum sowie manche als überholt angesehene Designentscheidungen zu Farb- und Materialwahl. Die Wohnungsgrößen an sich erweisen sich als durchaus ausreichend bzw. den jeweiligen Anforderungen angemessen. Die privaten Loggien und Terrassen werden

von den BewohnerInnen für unterschiedliche Zwecke fast ganzjährig genutzt, sie entschädigen für manche, als nachteilig empfundene Grundrisslösungen.

Die Gleichzeitigkeit von hoher städtischer Dichte und großzügigen Freibereichen beeindruckt die InterviewpartnerInnen ebenso wie die gut organisierten Funktionsabläufe und technischen Einrichtungen bei gleichzeitig erschwinglichen Mietkosten. Die zukünftigen Wohn-Wusch-Szenarien der befragten Personen reichen von loftartigen Wohnungen mit großzügigen räumlichen Zusammenhängen über Wohnen in Zentrumsnähe bis zum Einfamilienhaus mit Garten. In jedem Fall sollte die Anbindung an den öffentlichen Verkehr und Zugang zu Nahversorgung gegeben sein.

Zusammenfassende Essenzen
Gemeinschaftseinrichtungen als Gegengewicht zur persönlichen Behausung werden von den befragten Personen wertgeschätzt, häufig genutzt und sind integraler Bestandteil des individuellen Wohnens. Dies trägt auch dazu bei, dass in der Freizeit auf das Auto verzichtet werden kann.

Private Freibereiche mit Fernblick sind ein wesentliches Wohnungscharakteristikum mit großer Bedeutung für die Wohnungsakzeptanz. Für unterschiedliche Lebensumstände sind jeweils passende Wohnungszuschnitte verfügbar.

Die InterviewpartnerInnen bevorzugen ein urbanes gegenüber einem ländlichen Wohnumfeld und formulieren urbane Wohnwünsche für die Zukunft.

Die anfangs ablehnende Haltung außenstehender Personen und das negative Bild von Alt-Erlaa zu Projektbeginn (die Form der Blöcke wurde mit Atomreaktorkühltürmen assoziiert, massive soziale Probleme wurden unterstellt) hat sich im Lauf der Zeit positiv gewandelt.

Die verzierten Außenfassaden wurden zum Teil beibehalten, doch die Architektur dahinter änderte sich grundlegend. Während die Lichthöfe der Gründerzeitbauten diesen Namen nicht verdienten, da sie aufgrund ihrer Enge höchstens als Luftschächte fungierten, bezog man nun erstmals auch den Freiraum in die Planungen ein. Die großzügig angelegten **Höfe** sollten nicht nur imposant sein, den Erbauern war es auch wichtig, die Bewohner mit Tageslicht und frischer Luft zu versorgen. Der Hof spielte für die Gemeindebauarchitektur eine zentrale Rolle: großzügig angelegt, sollte dieser der Belebung und Organisation des sozialen Lebens der Bewohner dienen und Kindern die Möglichkeit bieten, ihrem kindlichen Treiben ungefährdet nachzugehen. Eltern konnten ihre Kinder sorglos im Hof spielen lassen, ohne dass diese eine Straße überqueren mussten. Die Ausrichtung der Wohnungen ermöglichte es, die Kinder von der Wohnung aus im Auge zu behalten. Der Hof diente als Kommunikationsfläche, als halböffentlicher Raum, der informelle soziale Kontakte ermöglichte. Diese sozialen Effekte waren lediglich positive Nebeneffekte einer Architektur, die auf eine zuverlässige **Licht- und Luftversorgung** Wert legte. Das erreichte man optimal durch die Anordnung der Gebäudetrakte rund um einen großen begrünten Hof, was wohl dazu geführt hat, dass diese Form bereits die vorherrschende Anordnung war, bevor der Hof 1929 in der Bauordnung festgeschrieben wurde. Auch wurde längst nicht so dicht gebaut wie in der Gründerzeit: Obwohl gesetzlich eine Bebauung bis zu 50 % vorgesehen war, wurde dieser Anteil meist unterschritten.

Die ausgedehnten Innenhöfe hoben die Wohnqualität substanziell. Der österreichische Architekt Viktor Hufnagl bezeichnet in seinem Aufsatz „Wohnen in Wiener Höfen" den Hof als äußere Visitenkarte einer Wohnanlage – „der

Hauseingang als Pforte, als Tor, der gedeckte Weg als Arkade, der äußere Erschließungsweg als Laubengang, die Verbindungswege als Durchhäuser und Passagen, machen das Haus zu einer architektonischen, urbanen inneren Erlebniswelt." Der großflächige Platz in der Mitte der Anlage bot Raum für urbane Ereignisse, konnte als Treffpunkt dienen und schaffte eine Interaktionsfläche, auf der Sozialbeziehungen entstehen konnten. Diese Funktionalität erinnert an die griechische Agora oder mittelalterliche Marktplätze. Die Platzkultur, die ansonsten in Wien eher wenig ausgeprägt ist, wurde also nach innen versetzt und in den Höfen gelebt.

Eine weitere Besonderheit des Gemeindebaus der Zwischenkriegszeit war die **Anordnung der Zugänge** innen im Hof: Die nummerierten Stiegen waren auf diese Weise erst nach Durchquerung des Hofes zugänglich. Diese architektonische Eigenheit hatte zwei Konsequenzen, die sich positiv auf das Wohnen auswirkten: Es entstand ein stufenweiser Übergang vom öffentlichen Raum (Straße) über den halböffentlichen (Hof) in den halbprivaten (Stiege) und den privaten Raum (Wohnung). Durch diese stufenweise Gliederung der territorialen Struktur wurden Identifikation und Kontrolle in optimaler Weise gefördert. Außerdem erschloss jede Stiege nur eine überschaubare Anzahl von Wohnungen, was wiederum die soziale Komplexität reduzierte, da die Substrukturen klein waren.

Durch Einführung des Hochparterres wurde die Privatsphäre der Bewohner auch dort geschützt, wo das Erdgeschoss nicht durch Geschäfte und Lokale genutzt wurde. So entstand nach außen ein weitgehend geschlossenes Erscheinungsbild, wobei die zur Außenseite ausgerichteten

Fenster zugleich die visuelle Kontrolle des öffentlichen Raumes ermöglichten. Diese Geschlossenheit nach außen, die den Festungswohnbau der Zwischenkriegszeit kennzeichnete, wurde abgerundet durch Tore, die zwar meist offenstanden, aber geschlossen werden konnten und so zusätzliche Sicherheit vermittelten.

Diese Wohnhöfe entstanden nicht irgendwo am Stadtrand, sondern verstreut über das gesamte Stadtgebiet. Das verhinderte die Entwicklung von Satellitenstädten für sozial Benachteiligte, die in der Baupolitik des Nationalsozialismus durchaus üblich waren. Der Bau von Gartensiedlungen am Stadtrand befriedigte zwar das weitverbreitete Bedürfnis nach dem eigenen Häuschen mit Garten, isolierte die Bewohner dieser Siedlungen aber geografisch von der Stadt.

Der Erfolg des Wiener Gemeindebaus schlägt sich in seiner anhaltenden Beliebtheit nieder, aber auch in der Tatsache, dass alle Wohnhöfe noch stehen und keiner abgerissen wurde. Laufende Adaptierungen passen das Wohnangebot an die sich verändernden Bedürfnisse an, sodass zeitgemäßes Wohnen hoher Qualität gewährleistet ist. Dennoch liegt dem Erfolgsmodell ein intuitives Verständnis unserer Verhaltenstendenzen und Landschaftspräferenzen zugrunde, das keinen Moden unterliegt, sondern auf unsere evolutionären Wurzeln zurückgeht.

Erfolgreicher sozialer Wohnungsbau berücksichtigt die Verhaltenstendenzen von Individuen. Das Bedürfnis nach Privatheit und das Bedürfnis nach sozialer Interaktion stehen in ausgewogenem Verhältnis und die soziale Komplexität wird auf einem niedrigen Niveau gehalten.

25

Das Problem mit Dingen, die allen und niemandem gehören

Der **öffentliche Raum**, also der äußerste Bereich der territorialen Zwiebel, ist gekennzeichnet durch das Nichtvorhandensein einer territorialen Struktur. Es gibt also niemanden, der sich mit dem öffentlichen Raum territorial identifiziert und Verantwortung dafür übernimmt. Dieses Fehlen territorialer Verantwortung bringt Probleme mit sich, die öffentliche Ressourcen allgemein betreffen.

Die Problematik öffentlicher Ressourcen wird durch ein sozialwissenschaftliches Modell beschrieben – die **Tragik der Allmende.** Die Allmende war im Mittelalter eine gemeinschaftlich genutzte landwirtschaftliche Fläche jenseits der parzellierten Flächen. Solche gemeinschaftlichen Nutzungsrechte existieren heute noch als Weiderechte, Wasserrechte oder Fischereirechte. Ohne eine präzise Regulierung dieser Rechte kommt es anstelle einer effizienten Nutzung zu einer Übernutzung der Ressourcen.

Der Mikrobiologe und Ökologe Garrett Hardin bezeichnet die Tragik der Allmende als unvermeidliches Schicksal der Menschheit, für das es keine technologische Lösung gebe. Und der kanadische Ökonom H. Scott Gordon stellte im Hinblick auf Nutzungsrechte in der Fischerei fest: „Niemand misst einem Besitz, der allen zur freien Verfügung steht, einen Wert bei, weil jeder, der so tollkühn ist zu warten, bis er an die Reihe kommt, schließlich feststellt, dass ein anderer seinen Teil bereits weggenommen hat."

Wenn eine Ressource für die Allgemeinheit uneingeschränkt verfügbar ist, versucht jeder Einzelne Hardin zufolge, für sich so viel Ertrag wie möglich zu erwirtschaften. Dies funktioniert aber nur, bis die Ressource erschöpft ist. Sobald die Zahl der Nutzer über ein bestimmtes Maß ansteigt, offenbart sich die Tragik der Allmende: Es kommt zur **Überausbeutung.** Die Kosten, die durch den Raubbau entstehen, trägt die Gemeinschaft. Der Einzelne schätzt den unmittelbaren Gewinn jedoch wesentlich höher ein als die erst langfristig spürbaren Kosten. Diese Fehlwahrnehmung trägt zum allgemeinen Ruin bei – „die Freiheit in der Allmende ruiniert alle" lautet Hardins entsprechende Schlussfolgerung. Schon Aristoteles erkannte die Problematik, die geteilte Ressourcen mit sich bringen – „Dem Gut, das der größten Zahl gemeinsam ist, wird die geringste Fürsorge zuteil" – und forderte, den althergebrachten bäuerlichen Gemeinbesitz abzuschaffen. Die Tragik der Allmende zeigt sich für die Menschheit unter anderem spürbar in der Überfischung der Meere, die sich mittlerweile auf die weltweite Fischindustrie auswirkt.

Der öffentliche Raum in der Stadt ist eine Form von Allmende – es handelt sich um eine räumliche Ressource, auf die alle Menschen Nutzungsansprüche erheben. Das Verfolgen individueller Ziele kann auch hier dazu führen, dass der öffentliche Raum nachhaltig geschädigt wird. Das Fehlen von territorialer Struktur und damit einhergehender informeller sozialer Kontrolle lässt ein Vakuum entstehen, was die Regulation der Nutzung und des Miteinanders betrifft. Hinzu kommt: Anders als in der mittelalterlichen Allmende wird der öffentliche Raum nicht von einer überschaubaren Personenzahl genutzt, wo sich Formen der sozialen Kontrolle etablieren können, sondern von einer anonymen Masse, die sich der Verantwortung entzieht.

In einer Stadt wird die Kontrolle der öffentlichen Bereiche deshalb institutionalisiert. Über Steuern finanzierte Ordnungs-, Sicherheits- und Reinigungsdienste sollen sicherstellen, dass der öffentliche Raum sicher und gut erhalten bleibt. Auch wenn Städte viel Geld dafür ausgeben, ist dies nur die zweitbeste Lösung. Die informelle Verantwortung, die mit echter Territorialität einhergeht, ist nicht nur kostengünstiger, sondern auch effektiver.

Dennoch können sich die Stadtverwaltungen hier keine Sparmaßnahmen leisten – nur eine Nulltoleranzstrategie gegenüber **Verwahrlosung** und Vandalismus kann ein langfristiges Funktionieren des öffentlichen Raumes gewährleisten. So besagt der von den US-amerikanischen Soziologen James Wilson und George Kelling formulierte **Broken-Windows-Effekt,** dass schon geringe Anzeichen von Verwahrlosung häufig schwerwiegende Folgen haben. Verschmutzung oder Vandalismus rufen weitere Verschmutzung und Vandalismus und letztlich auch Kriminalität hervor. Dieser Rückkoppelung kann die Verwaltung nur Herr werden, wenn sie bereits kleinste Anzeichen der Verwahrlosung im Keim erstickt.

Demnach stellen die öffentlichen Bereiche für Städte die größte Herausforderung dar – wie kann man gewährleisten, dass sie den Bewohnern ideale Nutzungsbedingungen bieten, und gleichzeitig Verwahrlosung vermeiden? Die beste Strategie wäre, eine territoriale Struktur zu etablieren, also eine Identifikation der Anwohner, der Nutzer im weitesten Sinne, die sich dann auch in der Übernahme von Verantwortung äußern würde.

Die theoretischen Konzepte des Defensible Space in Kombination mit der Erfolgsgeschichte der Wiener Gemeindebauten deuten auf eine mögliche Lösung hin: Durch die Schaffung von Substrukturen mithilfe baulicher Maßnahmen könnte man ein stufenartiges Gefälle der Territorialität herbeiführen und so den angrenzenden öffentlichen Raum aus dem territorialen Vakuum herauslösen. Eine Beteiligung der Bewohner an der Instandhaltung ihres Wohnumfeldes durch Urban Gardening und ähnliche Maßnahmen würde ihr individuelles Verantwortungsgefühl wecken und das jeweilige Stadtviertel dauerhaft beleben. So kann das Zusammenspiel von Territorialität und sozialen Strukturen dazu führen, dass der öffentliche Raum streng genommen nicht mehr öffentlich ist, sondern zu einem halböffentlichen Besitz aufsteigt, der nicht durch Institutionen, sondern durch individuelle Kontrolle getragen wird.

Gemeinsames Gut ist aufgrund fehlender individueller Kontrolle der Gefahr ausgesetzt, übermäßig ausgebeutet sowie langfristig geschädigt zu werden. Informelle Kontrollmechanismen können die nachhaltige Nutzung gemeinsamer Ressourcen sicherstellen.

26

Stadtleben bringt Stress

Die Großstadt ist das Habitat der Zukunft. Wie eingangs erläutert, hat das Großstadtleben sehr viele Vorzüge. An allererster Stelle stehen natürlich die sozioökonomischen Vorteile – Ausbildungschancen, kulturelle und soziale Vielfalt ermöglichen das Einschlagen von neuen Lebenswegen. Die bereits erwähnte fehlende soziale Kontrolle wird von manchen Menschen, die vom Land in die Stadt ziehen, als befreiend und positiv wahrgenommen: Dadurch dass man den engen Zwängen des Landlebens und den wachsamen Augen der Dorfgemeinschaft entkommt, entsteht eine neue Handlungsfreiheit. Doch die Anonymität hat auch Schattenseiten: Sie kann zu Vereinsamung führen, und durch die fehlende soziale Kontrolle wird der Kriminalität Raum geboten.

Das Leben in der Großstadt beeinträchtigt unsere **Gesundheit.** Die Stadt bringt physiologische Belastungen mit sich und erhöht den Stress. Lärm und Luftverschmutzung wirken sich unmittelbar negativ auf unsere physische Gesundheit aus. Eine Hauptquelle für urbanen Stress ist die Personendichte: Wir begegnen täglich einer Unzahl von fremden Menschen, was eine Überlastung unseres kognitiven Apparats zur Folge hat. Oft sind viel zu viele Menschen auf engem Raum und die für uns so wichtige Individualdistanz wird unterschritten.

Die komplexen Auswirkungen von **Crowding** („Überfüllung") sind gut erforscht und werden von Irvin Altman wie folgt beschrieben: Aufgrund der beengten Raumsituation bei bestimmten Aktivitäten kommt es in einer ersten Phase zur Einschränkung des Verhaltensspektrums. Bei zunehmender Dichte reagieren beispielsweise Ratten mit übermäßiger Passivität, die durch die räumliche Einschränkung allein nicht zu erklären ist. Sie fallen in einen Stupor, in dem selbst lebenserhaltende Verhaltensweisen eingestellt werden. Die von dem Verhaltensforscher John B. Calhoun in entsprechenden Experimenten entwickelte *Behavioral-Sink*-**Theorie** wurde zu einem Tiermodell für den gesellschaftlichen Zusammenbruch, der von einer zu hohen Bevölkerungsdichte hervorgerufen wird.

Die sogenannte **Überlastungstheorie** behandelt auch den kognitiven Aspekt des Crowding. Andere Menschen sind die Quelle von sensorischen Reizen, aber auch von sozialer Komplexität. Je größer die Dichte, das heißt die Anzahl anderer Menschen in der unmittelbaren Umgebung ist, desto mehr Information muss unser kognitiver Apparat verarbeiten. Eine Überlastung des kognitiven Apparats führt zu Stress, und um diesen zu vermeiden, werden Situationen gemieden, die unsere kognitive Kapazität überschreiten.

Da sich Stresssituationen im Allgemeinen und Crowding im Speziellen nicht immer vermeiden lassen, haben Menschen verschiedene Strategien entwickelt, um damit umzugehen. Die **Theorie der Privatheit** besagt, dass Crowding besonders dann für uns ein Problem darstellt, wenn unsere Rückzugsmöglichkeiten eingeschränkt sind, anders gesagt, wenn wir Menschenmassen ausgesetzt sind, ohne in irgendeiner Form Kontrolle ausüben zu können. Wenn sich Situationen mit großer Menschendichte mit Phasen des Rückzugs die Waage halten, gelingt es uns besser, mit Crowding umzugehen, und wir leiden weniger darunter. Das bedeutet, dass im urbanen Raum Rückzugsmöglichkeiten noch wichtiger sind als im ländlichen. Territoriale Strukturen ermöglichen es uns, private Räume für uns zu schaffen, sodass wir es aushalten, auf engem Raum mit vielen Menschen zusammenzuleben. Die Theorie der Privatheit beschreibt diesen Ausgleich durch Rückzug in private Bereiche als **Bewältigungsstrategie** für den Umgang mit Dichtestress.

Wie wir Crowding empfinden, lässt sich nicht auf objektive Maße wie Menschen pro Fläche reduzieren. Vielmehr handelt es sich um eine komplexe Interaktion von Menschendichte, Kontext und individuellen Verhaltenstendenzen, die darüber hinaus noch durch kognitive Prozesse moduliert wird. Verbindet ein gemeinsames Ziel eine Gruppe von Menschen, wie bei einem Sportereignis oder einem Konzert, werden aus Fremden Freunde. Das bedeutet, dass unsere Individualdistanz schrumpft und die

Personendichte zunehmen kann, ohne dass dadurch Stress ausgelöst wird. Auch die Möglichkeit, Vorhersagen über Dichtesituationen zu treffen, ist Voraussetzung für eine effektive Bewältigungsstrategie: Bestimmte Situationen oder Orte lassen sich mit erhöhter Dichte assoziieren. Wenn wir uns das bewusst machen und zugleich wissen, dass Phasen erhöhter Dichte vorübergehend sind, können wir uns kognitiv darauf einstellen und auf diese Weise Dichtestress vermeiden. Fahren wir beispielsweise während der Stoßzeit mit der U-Bahn, ist uns von vornherein klar, dass das mit Verletzungen unserer Individualdistanz einhergehen wird, aber auch, dass wir unser Distanzverhalten in dem Augenblick wieder optimieren können, indem wir die Bahn verlassen.

Die wohl wichtigste Strategie, um eine kognitive Überlastung durch soziale Komplexität zu vermeiden, sind die Scheuklappen, die wir auf unseren Wegen im öffentlichen Bereich tragen: Andere Menschen werden nicht individuell wahrgenommen und tragen somit nicht zur Erhöhung der sozialen Komplexität bei. Dies ist auch der Grund dafür, warum wir im urbanen Raum direkten Blickkontakt meist meiden. Sobald ein Blickkontakt zustande kommt, nehmen wir die betreffende Person als Individuum wahr, dem wir Emotionen und Verhaltensintentionen zuschreiben. Blickkontakt steht meist am Anfang einer sozialen Interaktion, weil diese die Wahrnehmung eines Individuums voraussetzt. Deshalb empfinden wir es als Verletzung unserer Privatsphäre, wenn unbekannte Menschen uns ansehen, ohne mit uns zu interagieren. Insofern ist es kein Zeichen von Unhöflichkeit, dass sich Städter nicht grüßen; es handelt sich vielmehr um eine Bewältigungsstrategie.

26 Stadtleben bringt Stress

Die **Überbeanspruchung unseres kognitiven Apparats** ist die Hauptursache von urbanem Stress. Da sich die urbane Lebensumwelt massiv von der Umgebung der evolutionären Angepasstheit unterscheidet, bedeutet das Leben in der Stadt, dass unsere kognitiven Strategien im Umgang mit den täglichen Herausforderungen nur bedingt hilfreich sind. Die Flexibilität der menschlichen Kognition erlaubt es zwar, mit den evolutionär neuen Problemen umzugehen, doch nicht ohne Kosten: Der zusätzliche Aufwand, den die Lösung evolutionär neuer Probleme erfordert, belastet und überlastet unseren kognitiven Apparat, was langfristig kognitiven Stress auslöst.

Kontrollverlust ist eine weitere Folge der Komplexität des Lebensraumes Stadt. Unsere Verhaltensmöglichkeiten unterliegen fortwährend Faktoren, die außerhalb unserer Kontrolle liegen. Allein das Teilen des Lebensraumes mit vielen anderen Menschen bedeutet, dass andere dem Erreichen unserer individuellen Verhaltensziele im Wege stehen. Das funktionale Uhrwerk der Stadt gibt einen Takt vor, der unser Tun in künstliche Intervalle zwängt – wir können unseren Verhaltenstendenzen nicht nachkommen, wann wir wollen, sondern erst, wenn die Umstände es gestatten.

Die Intervalle der öffentlichen Verkehrsmittel sind eine typische Ursache für urbanen Kontrollverlust. Das trägt dazu bei, dass viele Menschen den Individualverkehr vorziehen. Selbst am Steuer zu sitzen, vermittelt uns das Gefühl, Herr der Lage zu sein und über das eigene Schicksal zu bestimmen. Verlässliche Vorhersagen können die Attraktivität von öffentlichen Verkehrsmitteln jedoch steigern. Zusätzlich zu den Fahrplänen sind also

Echtzeitinformationen gefragt, die zuverlässig angeben, wann die nächste Bahn kommt. Wir können zwar weiterhin nicht beeinflussen, ob und wann sie kommt, doch die Bereitstellung dieser Informationen verleiht uns wieder Kontrolle über unser Verhalten. Ist die verbleibende Wartezeit sehr kurz, entscheiden wir uns für ein Verweilen an der Haltestelle, ist sie lang, kann man die Wartezeit für andere Aktivitäten nutzen, beispielsweise einen Einkauf.

Die Stadt ist auch eine unerschöpfliche Quelle alltäglicher Ärgernisse. In dem komplexen Lebensraum Stadt können viele Dinge schiefgehen und eine Lösung erfordern. Sie beeinträchtigen die Planbarkeit unseres Alltags und machen den Tagesablauf weniger vorhersagbar. Die Notwendigkeit, laufend auf unerwartete Ereignisse reagieren zu müssen, führt zu einem **permanenten Erregungszustand,** der wiederum langfristig negative Auswirkungen auf unseren Körper und unsere Psyche hat.

Lärm ist rund um die Uhr präsent in der Stadt, die niemals ganz zur Ruhe kommt. Ob Lärm Stress auslöst, ob er negativ oder gar als positiv wahrgenommen wird, hängt von sozialen und kognitiven Faktoren ab; die Schädlichkeit von Lärm lässt sich somit nicht allein auf die Lautstärke reduzieren. Als Lärm bezeichnen wir unerwünschte, unangenehme Geräusche – und was sie unangenehm macht, wird individuell sehr unterschiedlich empfunden. Es gibt Geräusche, die allgemein eher als unangenehm gelten, wie das Knattern eines Presslufthammers oder das Kreischen einer Kreissäge. Wie stark wir sie jedoch als Belastung empfinden, hängt wiederum vom kognitiven Kontext ab. Den Lärm durch Bautätigkeiten, die unsere eigenen Lebensumstände langfristig verbessern sollen, nehmen wir als weniger negativ wahr als denjenigen, von dem wir nicht profitieren.

Geräusche sozialen Ursprungs empfinden wir abhängig von ihrem Kontext und den eigenen Verhaltenstendenzen als Lärm. Daher sollte man der Schallisolierung im Haus besonderes Augenmerk widmen. Nehmen wir ständig unfreiwillig am Leben unserer Nachbarn teil, weil die Wände schlecht isoliert sind und wir nur eingeschränkt Kontrolle über den Lärm haben, dem wir ausgesetzt sind, leidet das nachbarschaftliche Miteinander darunter. Das Bedürfnis nach aktivem sozialem Austausch schwindet und unter dem Mangel an sozialer Interaktion leidet wiederum der nachbarschaftliche Zusammenhalt. Umgekehrt kann sich aber auch die Beziehungsqualität auf die Wahrnehmung von sozialem Lärm auswirken: Ist der Nachbar, den ich durch die dünnen Wände hören kann, ein enger Freund, nehme ich die Geräusche als weniger störend wahr, als wenn der Ruhestörer eine völlig fremde Person ist.

Bei allen Stressoren ist die Kontrolle, die wir über sie ausüben können, ausschlaggebend für das Maß an negativen Auswirkungen. Wenn wir etwas gegen den Lärm unternehmen können, dann sind die Folgen für uns sehr viel weniger gravierend. Wohl auch aus diesem Grund wirkt sich Verkehrslärm besonders schädigend auf unsere Gesundheit aus. In Flughafennähe treten daher Herz-Kreislauf-Erkrankungen gehäuft auf.

Verkehr ist nicht nur eine Hauptursache für urbanen Lärm, sondern auch für Abgase und Luftverschmutzung. Urbane Luftverschmutzung hat schwerwiegende gesundheitliche Beeinträchtigungen zur Folge. In den Lungen von Städtern lagert sich Feinstaub ab und führt zu einer nachhaltigen Schädigung der Lungenfunktion. Deshalb sind Bemühungen zur Reduktion des innerstädtischen Verkehrs begrüßenswert. Diese können nur dann erfolgreich sein, wenn man die verminderte Attraktivität des Individualverkehrs durch eine gesteigerte Attraktivität des öffentlichen Verkehrs ausgleicht – einerseits durch die Verbesserung des Angebots, andererseits durch eine benutzerfreundliche Preisgestaltung.

Neben der direkten gesundheitlichen Beeinträchtigung sind Abgase auch eine Quelle von unangenehmen **Gerüchen.** Eine Stadt wartet mit tausenden Duftstoffen auf, und aus dem Cocktail von Wohlgerüchen und übel stinkenden Substanzen entsteht ein für jede Stadt typisches „Aroma". Der Weg zum Arbeitsplatz kann einen Städter mit Blütenduft aus einem Blumenladen, einer blühenden Fliederhecke oder dem verlockenden Geruch frischgebackenen Brotes aus der Bäckerei verwöhnen, und dann umwehen ihn vielleicht noch eine Duftwolke aus dem Parfumladen, die Röstaromen von der Würstchenbude und die zahlreichen Geruchsbotschaften, die von anderen Menschen ausgehen.

Wie wir die einzelnen Komponenten des Duftbuketts wahrnehmen, hängt von unserem physiologischen Zustand und unseren Verhaltenstendenzen ab. Haben wir Hunger, wirken Gerüche, die mit Lebensmitteln assoziiert sind, eher verführerisch, während Küchendünste auch durchaus abstoßend sein können, wenn wir satt sind.

Ein weiterer Stressfaktor ist das **Pendeln** zum und vom Arbeitsplatz, weil es zum einen eine unerschöpfliche Quelle von alltäglichen Ärgernissen ist. Zum anderen kostet es Lebenszeit und wird deshalb als Verschwendung empfunden. Pendelstrecken, die länger als eine halbe Stunde in Anspruch nehmen, wirken sich negativ auf die Lebenszufriedenheit aus.

Das Leben in der Stadt setzt uns vielen Stressoren aus. Stadtumwelten können auf sensorischer, kognitiver und sozialer Ebene Stress auslösen.

27

Die vielen Herausforderungen an die Stadtplanung

Wenn wir die moderne Stadtumwelt als Landschaft betrachten, die unseren evolutionär geprägten Ansprüchen genügen soll, so sind verschiedene Aspekte von Belang, die auf unseren **Landschaftspräferenzen** beruhen. Das unmittelbare Verstehen der Stadtlandschaft hängt von ihrer Organisation und Komplexität ab: Je kohärenter die Anordnung, desto leichter fällt es uns, die räumlichen Muster zu erkennen und einzuordnen. Die Komplexität wird durch die Anzahl unterschiedlicher Elemente bestimmt. Da es sich bei urbanen Landschaften um komplexe Strukturen handelt, sind Eigenschaften vorteilhaft, die uns das Verstehen erleichtern und damit der kognitiven Überlastung entgegenwirken. Dem gegenüber steht unser Bedürfnis nach Explorationsmöglichkeiten, also Elementen, die sich erst nach weiterer Auseinandersetzung mit ihnen erschließen. Zugleich sollten die Mystery-Elemente nicht überhandnehmen, weil sich mangelnde Vorhersagbarkeit negativ auswirken würde. Die Möglichkeit, Vorhersagen zu treffen, ist die Grundvoraussetzung für den Umgang mit einem Lebensraum. Je kohärenter die Landschaft ist, desto besser können wir unser Verhalten auf Gelegenheiten und Herausforderungen abstimmen.

Naturelemente wie Wasser und Pflanzen bestimmen die Attraktivität von Stadtlandschaften. Biophilie hat eine Vielzahl an positiven Auswirkungen auf Wohlbefinden, Kognition, Gesundheit und Gefühlswelt. Allein das Vorhandensein von Naturelementen kann soziale Interaktionen fördern, was im Stadthabitat von großer Bedeutung ist, weil die soziale Komplexität aufgrund der Populationsdichte das Miteinander dort besonders erschwert.

Bereiche, die Überblick und Zuflucht bieten, sind als Aufenthaltsorte gut geeignet, da sie unser Bedürfnis nach Sicherheit und Vorhersagbarkeit befriedigen. Wenn darüber hinaus die strukturellen Eigenschaften eine stufenweise Territorialität ermöglichen, können dadurch funktionale Einheiten von physischen Orten und ihren Nutzern entstehen, die das urbane Leben informell regulieren.

Wenn Stadtplanung all diese menschlichen Bedürfnisse einbeziehen will, sind eine Reihe von Faktoren zu berücksichtigen. Der anhaltende Trend zur Urbanisierung macht es erforderlich, neben ökonomischen und verkehrsdynamischen Überlegungen die Stadt auch als **Lebensraum für Menschen** zu sehen.

Das Wachstum von Städten führt dazu, dass die Distanz zwischen Wohn- und Arbeitsort zunimmt. Dadurch entsteht die Notwendigkeit zu pendeln, was, wie erwähnt, die

Lebensqualität beeinträchtigt. Deshalb sollten Stadtentwicklungsprogramme es anstreben, Wohn- und Arbeitsbereiche zu durchmischen. **Gemischte Nutzungsstrukturen** sind typisch für langsam gewachsene Nachbarschaften. Nahe beieinanderliegende Bereiche unterschiedlicher Nutzungsqualität begünstigen das nachbarschaftliche Funktionieren. Zugleich ist es wichtig, die Vernetzung von Nachbarschaften zu fördern, um Isolationsprobleme und das Entstehen parochialer Strukturen zu vermeiden.

Zur **Verringerung von Lärm und Schmutz** ist eine Kombination von mehreren Maßnahmen notwendig: Der **Individualverkehr** lässt sich durch Gesetze eindämmen, wie in der Londoner Innenstadt, oder man mindert seine Attraktivität durch höhere Kosten und weniger Komfort, während man die Attraktivität öffentlicher Verkehrsmittel steigert. Sind beispielsweise Parkplätze knapp und teuer, sodass die Parkplatzsuche zu einem ernst zu nehmenden Zeitfresser und ökonomischen Faktor wird, sinkt die Motivation, das eigene Auto als Transportmittel in der Stadt zu benutzen.

Das Hauptproblem bei den Ansätzen zur Reduktion des Individualverkehrs besteht jedoch darin, dass das Auto weit mehr als nur ein Transportmittel ist. Es ist Statussymbol und Kommunikationsmittel, mit dem wir unsere Persönlichkeit nach außen hin darstellen, aber vor allem und in erster Linie ein exklusives Territorium. Deshalb fungiert es vor allem im urbanen Lebensraum als eine Schutzblase, die wir nutzen, um uns in der anonymen Masse zu bewegen. Die Hauptargumente, die gegen die Benutzung von öffentlichen Verkehrsmitteln genannt werden, sind sozialer Natur: Verletzungen des Individualabstandes sowie akustische und olfaktorische Belästigung durch andere Personen. Vor derlei negativen Erfahrungen schützt uns das **mobile Territorium Auto.** Selbst hinter dem Steuer zu sitzen, vermittelt auch ein Gefühl der Kontrolle, das uns in öffentlichen Verkehrsmitteln verwehrt bleibt. Selbst wenn wir im Stau stehen, an einer roten Ampel warten müssen oder keinen Parkplatz finden, empfinden wir diese Hindernisse nicht als unüberwindbar. Es bleiben uns immer noch Verhaltensoptionen offen, wie das Vorrücken um Zentimeter im Stau oder das Hupen, wenn der Wagen vor uns zu lange braucht, um nach dem Umschalten auf die Grünphase loszufahren. Dies empfinden wir als Kontrollfähigkeit. Aus all diesen Gründen erfordert eine gewünschte Reduktion des Individualverkehrs massive Maßnahmen.

Eine weitere Ursache für Luftverschmutzung, der **Hausbrand,** geht durch Verbesserung der eingesetzten Systeme und den Ausbau von Fernwärmeanlagen in westlichen Metropolen zurück, ist in Städten mit geringerer Finanzkraft jedoch immer noch ein ernst zu nehmendes Problem.

Verschmutzung entsteht vor allem durch das Fehlen territorialer Strukturen und durch Anonymität. In Bereichen, wo niemand territoriale Verantwortung übernimmt und man von Fremden umgeben ist, wagt man es, sozial unerwünschtes Verhalten zu zeigen, da die soziale Kontrolle fehlt. Um **Broken-Windows-Effekte** zu vermeiden und die Verschmutzung in Schach zu halten, nehmen die Stadterhalter hohe Kosten in Kauf. Vor allem wäre jedoch zu überlegen, mit welchen Maßnahmen sich soziale Kontrolle provozieren ließe, sodass Verschmutzung und Verwahrlosung erst gar nicht entstehen. Dem Prinzip des Defensible

Space folgend und unter Berücksichtigung von Erfolgs- und Misserfolgsmodellen in der Stadtplanung müsste man Schritte unternehmen, die der Anonymität entgegenwirken und territoriale Strukturen entstehen lassen.

Die **vertikale Ausbreitung,** die die Urbanisierung immer stärker bestimmt, wirkt dieser Ausdehnung der Territorialität über die Grenzen des Heimes hinaus entgegen. Sachzwänge wie die hohen urbanen Grundstückspreise und die Notwendigkeit, Pendelstrecken kurz zu halten, führen dazu, dass immer mehr in die Höhe gebaut wird. Das jedoch beeinträchtigt die Identifikation mit der Wohnumgebung und das nachbarschaftliche Miteinander. Bei dieser Gratwanderung ist viel Fingerspitzengefühl vonnöten, um die Lösung mit den geringsten negativen Auswirkungen zu finden.

Schlecht umgesetzter **sozialer Wohnungsbau** kann eine Reihe von Problemen mit sich bringen. Das begrüßenswerte Bestreben, leistbaren Wohnraum zu schaffen, wird oft durch billige Bauweise ins Gegenteil verkehrt. Um Platz zu sparen, sind soziale Wohnbauten oft vielstöckige, riesige Anlagen, in denen eine sehr große Anzahl von Menschen wohnt. Das gleichzeitige Fehlen von halböffentlichen Interaktionsflächen lässt Anonymität entstehen. Zudem kann sich jenseits des Heimes keine Territorialität entwickeln, was zu mangelnder Identifikation mit der Wohnumgebung führt. Mangelhafte Schalldämmung beeinträchtigt die Privatheit, was letztlich die Einschränkung der sozialen Interaktionen mit den Nachbarn zur Folge hat. Es drohen Verfallserscheinungen und Kriminalität, da die informelle soziale Kontrolle fehlt. Naturelemente werden oft dem Streben nach optimaler

Raumnutzung geopfert, ebenso wie halböffentliche Bereiche, die für das nachbarschaftliche Funktionieren wichtig wären. Diese Lebensbedingungen führen dazu, dass solche Wohnkomplexe oft stigmatisiert sind, was die Probleme noch verstärkt.

Dass ein Sparen am falschen Ort beim sozialen Wohnungsbau zum dramatischen Scheitern eines Bauprojektes führen kann, zeigt die Geschichte von Pruitt-Igoe in St. Louis, Missouri. Das Projekt gewann zahlreiche Architekturpreise und wurde besonders dafür gelobt, dass kein Zentimeter verschenkt wurde. 33 elfstöckige Gebäude sollten günstigen Wohnraum für 12.000 Menschen bieten – also eine Stadt in der Stadt. Bereits kurz nach der Eröffnung 1954 traten Probleme auf: Infolge von Vandalismus, Verschmutzung, Verwahrlosung und Kriminalität standen bereits 1970 zwei Drittel der Gebäude leer, und 1972 wurde der gesamte Komplex gesprengt. Die Wurzel der Probleme von Pruitt-Igoe war genau das, wofür man das Projekt ursprünglich ausgezeichnet hatte: Durch die effiziente Platznutzung fehlte der Raum für das soziale Miteinander – halböffentlicher Raum für nachbarschaftliche Interaktionen und erweiterte Territorialität war nicht vorhanden. Die daraus resultierende Anonymität zog die Verwahrlosungs- und Kriminalitätsprobleme nach sich, die schlussendlich zum völligen Scheitern dieses Projektes führten.

Will man solche Katastrophen verhindern, muss man den Menschen nicht nur in die planerischen Überlegungen miteinbeziehen, sondern vielmehr in den Mittelpunkt stellen.

27 Die vielen Herausforderungen an die Stadtplanung

Erfolgreiche und nachhaltige Stadtplanung und Architektur stellen menschliche Bedürfnisse und Verhaltenstendenzen in den Mittelpunkt ihrer Überlegungen. Projekte, die am Menschen vorbei geplant werden, sind zum Scheitern verurteilt.

28

Die Verhaltensbiologie bietet Lösungen

Unsere **Evolutionsgeschichte** hat unsere Bedürfnisse und Verhaltenstendenzen geformt. Durch ein Verständnis unserer biologischen Wurzeln können wir diese in der Stadtplanung und Architektur berücksichtigen und so urbane Umwelten gestalten, die menschenwürdige Lebensräume darstellen.

Bezieht man **Naturelemente** wie Pflanzen und Wasser, die unsere Biophilie ansprechen, in die Gestaltung ein, lassen sich eine Reihe von positiven physiologischen, psychologischen und gesundheitlichen Wirkungen erzielen. Auch unsere emotionale Befindlichkeit und das Sozialverhalten werden positiv beeinflusst. Darüber hinaus helfen die günstigen Auswirkungen auf Mikroklima, Luftreinigung und Lärmdämmung, urbane Stressfaktoren zu bekämpfen. Deshalb sollten Naturelemente sowohl im Außen- als auch im Innenraum ein fixer Bestandteil der Gestaltung urbaner Umwelten sein.

Überschaubare Segmente ermöglichen territoriale Identifikation und die visuelle Kontrolle von öffentlichen und halböffentlichen Bereichen. Eine solche Strukturierung erreicht man durch die Anordnung der Elemente sowie den Verzicht auf Sichtbarrieren. Ein guter **Überblick** macht Plätze zu beliebten Aufenthaltsorten, insbesondere wenn wir dort auch **Rückzugsmöglichkeiten** finden. Diese spielen nicht nur in der Öffentlichkeit eine wichtige Rolle, sondern auch im privaten Bereich. Die Möglichkeit, exklusive Territorialität im Heim zu leben, ist eine wichtige Strategie im Umgang mit der sozialen Komplexität im urbanen Raum. Ist sie gegeben, können wir den Herausforderungen von Dichtestress und Anonymität besser begegnen.

Für das nachbarschaftliche Funktionieren sind **halböffentliche Treffpunkte** von großer Bedeutung. Im innerstädtischen Bereich, wo es kaum Möglichkeiten gibt, dafür nachträglich Raum zu schaffen, ließen sich Interaktionsflächen im Rahmen von Nachverdichtungsmaßnahmen sozusagen über den Dächern einrichten. **Nachverdichtung** ist die Nutzung freier Flächen innerhalb einer bereits bestehenden Bebauung und erfolgt in erster Linie durch Dachgeschossausbauten. Wenn dabei nicht das gesamte Dachgeschoss in Wohnraum verwandelt wird, sondern ein Teil zur Gemeinschaftsnutzung für die Hausgemeinschaft verbleibt, entsteht hier ein attraktiver halböffentlicher Bereich, der den nachbarschaftlichen Zusammenhalt innerhalb der Hausgemeinschaft fördern kann. Der grundlegende Unterschied zu den in vielen

Wohnkomplexen üblichen Gemeinschaftsräumlichkeiten ist die größere Attraktivität dieses geteilten Territoriums: Eine Dachterrasse wird, anders als Versammlungsräume im Erdgeschoss, von den Bewohnern gerne auch individuell genutzt. Dabei kommt es zu informellen Begegnungen der Nachbarn, was soziale Beziehungen fördern kann.

Raumstrukturen, die territoriales Verhalten und informelle Interaktion ermöglichen, sind die Grundlage für funktionierende urbane Räume.

29

Stadtplanerische und architektonische Erfolgsgeschichten

In einer sehr persönlich gefärbten Auswahl von Projekten, die den Menschen in den Mittelpunkt von Planungen stellen, möchte ich veranschaulichen, wie grundlegend die Kenntnis der menschlichen Natur als Planungsinstrument ist.

Tomáš Baťa hat in seiner Gartenstadt **Zlín** gezeigt, dass urbanes Wohnen nicht immer naturfern sein muss und auch Arbeiter durchaus angenehm wohnen können. In den 1930er-Jahren entwarf der tschechische Schuhfabrikant eine Stadt für 50.000 Einwohner als ideale Arbeitersiedlung unter dem Motto „Kollektiv arbeiten, individuell wohnen". Die Idee war, jedem Fabrikarbeiter ein Einfamilienhäuschen mit Garten in der Nähe der Fabrik zu bieten, um damit Wohnbedingungen zu schaffen, die als ideal galten: Der Garten kam nicht nur der menschlichen Biophilie entgegen, sondern diente auch dem Anbau von Nahrungsressourcen. Die eher dörflich anmutenden Strukturen förderten die Identifikation und ermöglichten eine erweiterte Territorialität. Durch die Lage der Siedlung direkt neben der Fabrik wurden die Wegstrecken kurz gehalten. Die Gartenstadt Zlín als Vorzeigeprojekt entstand ohne Einschränkungen durch ausgeprägten Platzmangel. Da nur wenige Planer das Privileg genießen, sich räumlich so ausdehnen zu können, sind Arbeitersiedlungen dieser Art eine Seltenheit.

Der niederländische Architekt und Autor **J.J.P. Oud** suchte nach einer Möglichkeit, Menschen trotz Platzmangel ein eigenes Haus mit Garten zu bieten. Als Ergebnis dieser Bemühungen entstand 1918–1920 im Rotterdamer Stadtteil **Spangen** ein Komplex von aufeinandergestapelten Häusern. Die Anordnung um einen großen Hof erinnert an den Wiener Gemeindebau aus der Zwischenkriegszeit. Anstelle von eingeschossigen Wohnungen finden sich hier jedoch zweistöckige reihenhausartige Wohneinheiten, die vom Innenhof aus zugänglich sind. Um mehr Wohnungen auf beschränktem Raum unterzubringen, stapelte Oud jeweils zwei Häuser übereinander, was letztlich einen vierstöckigen Wohnhof ergab. Innenhofseitig führt ein Gang an dem Gebäudekomplex entlang, der die oberen Häuser erschließt und breit genug für den Milchwagen ist. Dieser Gang fungiert auch als Begegnungszone. Eine besondere Rolle spielt der große Innenhof, an den sich für jedes Haus je eine kleine Gartenfläche anschließt. Diese war ursprünglich für den Anbau von Gemüse gedacht und dient später als wichtiges biophiles Element.

Der US-amerikanische Architekt **Frank Lloyd Wright** (1867–1959) machte die menschlichen Verhaltenstendenzen zum Herzstück seiner Architekturtheorie. Er setzte sein Wissen um die Auswirkung von Gebäuden auf ihre Bewohner nicht nur ein, um Bauwerke zu entwerfen, die ihren Bedürfnissen entgegenkamen, sondern auch, um ihr Verhalten zu manipulieren.

Stark dominierende Elemente in seiner Architektur sind Prospect (Überblick) und Refuge (Zuflucht); ein wunderbares Beispiel ist das über einem Wasserfall errichtete Privathaus **Fallingwater,** das wie eine Festung anmutet und zugleich eine großartige Aussicht auf die umgebende Naturlandschaft gewährt. Frank Lloyd Wright plante bauplatzspezifisch – erst wenn er den Ort kannte, an dem das Gebäude stehen sollte, begann er mit dem Entwurf. Dies war notwendig, da seine Architektur in die Umgebung eingebettet war und diese in das Innere einbezog. Der Übergang vom Außenraum zum Innenraum wurde durch entsprechende Materialien graduell gestaltet, sodass die Außenhaut des Gebäudes keine strenge territoriale Grenze darstellte.

In der Umgebung befindliche Naturelemente spielten in Wrights Architektur eine zentrale Rolle: Der Innenraum wurde so geplant, dass er Ausblick auf Pflanzen und Wasser bot. Zudem bediente sich Wright subtiler Methoden, um die Bewohner seiner Gebäude zu deren nach seiner Vorstellung optimalen Nutzung zu bewegen. Durch das Verhältnis von Raumbreite zu Raumhöhe wurden bestimmte Räume zu Durchzugsbereichen und andere zu Aufenthaltsorten. Weil eine geringe Raumhöhe die Tendenz zum Verweilen vermindert, waren die Decken in den Gängen von Wrights Gebäuden eher niedrig, während hohe Räume zum Bleiben einluden. Auch innerhalb eines

Raumes wurden durch verschiedene Deckenhöhen Bereiche von unterschiedlicher Verweilattraktivität geschaffen.

Die bewusste Nutzung der Kenntnisse um die Auswirkungen, die ein Raum auf unser Verhalten hat, machen Gebäude wie Fallingwater oder Wrights Experimentalbau und Hauptwohnsitz **Taliesin** zu einzigartigen Bauwerken, in denen wir diese Wechselwirkungen am eigenen Leib erfahren können (Abb. 29.1).

Camillo Sitte war ein Wiener Stadtplaner und Gegenspieler des Architekten Otto Wagner, der sich in Wien fast immer gegen Sitte durchsetzen konnte. Nur beim Nibelungenviertel gelang es Camillo Sitte, sich gegen Otto Wagner zu behaupten, der hier ein Messegelände mit Prachtstraßen geplant hatte. Die heutigen verwinkelten Straßen rund um den Kriemhildplatz illustrieren Sittes

Abb. 29.1 Taliesin

Ideen zu Grundrissen und der Nutzung von urbanem Grün.

Camillo Sitte war hauptsächlich in den östlichen Teilen der österreichisch-ungarischen Monarchie aktiv. Die tschechische Eisenbahnerstadt **Přívoz** entstand um 1890 nach seinen Plänen, komplett mit Rathaus, Kirche und Wohnungen für Arbeiter und Eisenbahner. Sittes Entwürfe zeichnen sich dadurch aus, dass sie wie natürlich gewachsen und nicht wie am Reißbrett entworfen wirken. Typisch ist die kurvige Straßenführung, das Fehlen von Geradlinigkeit, was Perspektiven schafft, die linear angelegte Prachtalleen vermissen lassen. Dadurch entsteht eine einzigartige Orientierungsqualität, kombiniert mit Mystery, was die urbane Landschaft aufwertet. Eine besondere Rolle in den planerischen Überlegungen von Camillo Sitte spielt der öffentliche Platz. Plätze sind begrünt, geschützt vor dem Lärm und Schmutz des Verkehrs und bieten so einen idealen Erholungsort für die Stadtbewohner. Anders als Alleebäume mit ihrem, laut Sitte, „dekorativen Grün" wirkt dieses „sanitäre Grün" urbanem Stress entgegen. So entstehen Orte, die wir aufsuchen, um unsere geplagte Städterseele zu erquicken und uns visuell, aber auch akustisch zu erholen.

Besonders erfolgreiche Projekte in der Stadtplanung und Architektur berücksichtigen evolutionär begründete Vorlieben: Biophilie, Überblick und Rückzugsmöglichkeiten, Strukturen, die Territorialität unterstützen, und sozial überschaubare Einheiten sind die Kernelemente funktionierender Lebensumwelten.

Die Evolution und wir

Von Harry Glück

Die Australopithecinen, die am Beginn der Menschwerdung stehen, erschienen, so vermuten wir, vor fünf bis sechs Millionen Jahren. Die Evolution setzte mit einigen Zwischengliedern bis zu einer von uns *Homo erectus* genannten Spezies fort, um schließlich vor ca. 500.000 Jahren den Neandertaler und schließlich vor etwa 250.000 Jahren den *Homo sapiens* entstehen zu lassen.

Dieser zeichnete sich vor allem durch ein weiterentwickeltes, dem heutigen Menschen sehr nahe, wenn nicht gleichkommendes, intellektuelles Potenzial aus. Dieses Potenzial lässt sich in zwei große Komplexe unterteilen: Der erste sind Antriebe, Instinkte und Bedürfnisse, die wir mit den Potenzialen höherer Tiere teilen, insbesondere derjenigen Spezies, die wir als Raubtiere bezeichnen, und ein zweiter, der, soweit wir wissen, bis jetzt dem Menschen vorbehalten ist. Dies sind zunächst einmal die Fähigkeiten zur Erkenntnis kausaler Zusammenhänge und derjenigen Gefühle und Empfindungen, Fähigkeiten, Antriebe und Leistungen, die wir als die höheren, uns zum Menschen erhebenden geistigen, künstlerischen, Schönheit erkennenden und suchenden, sich edler Gefühle berühmender Empfindungen des Menschen ansehen: Wir fragen nach dem Sinn unseres Daseins, unserer Herkunft. Wir ahnen höhere Wesenheiten.

Zynisch-banal hat das der englische Komiker Woody Allen formuliert: „Der Mensch lebt nicht vom Brot allein, hin und wieder braucht er auch einen Drink."

Versteht und ersetzt man „Drink" als Rausch, dann eröffnet sich, im umfassenden höheren Begriff dieses Wortes, tatsächlich alles, das den Menschen in den Bereichen des Lebenden auszeichnet. Die Künste, die Empfindung und das Suchen nach Schönheit, die edlen Gefühle und was wir uns sonst noch zuschreiben, und wir glauben, den Tieren voraus zu haben. Wir wissen allerdings nicht, was ein Baum empfindet, wenn wir ihn fällen.

29 Stadtplanerische und architektonische ...

Wir haben im Lauf unserer Menschwerdung nicht nur ein immer größeres und leistungsfähigeres Gehirn erworben, sondern es sind auch andere Veränderungen, die uns von allen Tieren unterscheiden, eingetreten. Dies bewirkt, unter anderem, eine Abnahme der Intensität bestimmter angeborener Instinkte, sowie ein Phänomen, das als „persistierende Neotenie" bezeichnet wird. Was insgesamt wohl zu einer Erhöhung der Lebensfähigkeit einer Art zu führen vermag.

Dass „Instinktsicherheit" als positive Fähigkeit gilt, ist ein verräterisches Indiz unserer Herkunft. Tatsächlich ist aber der sich abschwächende Instinkt nur ein scheinbarer Verlust. In fast allen Tieren wirken die Instinkte so strikt, dass auf bestimmte Ereignisse der Außenwelt, die sogenannten Auslösereize, völlig automatisch, nahezu zwanghaft reagiert wird – und zwar in unveränderlich vorprogrammierter Weise. Dies hat in der Natur den Vorteil, rasch und ohne Nachdenken handeln zu können, und zwar in einem in Jahrmillionen erprobten und gemäß der Statistik des Überlebenskampfes in der überwältigenden Zahl der Fälle als richtig erwiesenen Ablauf. Diese Instinktstärke und Sicherheit hat aber auch einen Nachteil: Sie hindert, Alternativen wahrzunehmen und zu suchen, die für Überleben und Entwicklung vorteilhafter sein könnten. Nun mögen diese Alternativen für die meisten Raubtiere keine besondere Rolle spielen. Für den Großteil der Fluchttiere wäre solches aber durchaus vorstellbar. Der Mensch war in seiner Frühzeit zweifellos in erster Linie auf die Flucht angewiesen oder auf Verstecke – es hat ziemlich lange gedauert, bis er sich selbst zum Raubtier entwickelt hat. Und auch dies konnte er erst, als er für sein bescheidenes Gebiss, seine nicht vorhandenen Krallen, seine geringe Körperstärke, Ersatz in Form künstlicher Organe entwickelt hatte, also über Werkzeuge und Waffen verfügte. Es war aber erst die Befreiung von automatenhaft vorprogrammierten Handlungsabläufen, die jene innovativen geistigen Leistungen ermöglicht hat, die die Grundlage des Aufstiegs der Spezies Mensch waren. Allein die Aneignung des

Feuers, das in allen Wildtieren Angst erweckt, wäre anders nicht möglich gewesen.

Die Lust am Spiel, diese lebenslängliche Neugier die wir nicht nur mit unserem Gefährten, dem Hund, seit tausenden von Jahren teilen. Ein junger Wolf verhält sich in seinen ersten Jahren wie ein junger Hund, verliert dann dieses Neugier-Verhalten. Der Hund spielt bis in sein hohes Alter mit dem Menschen. Der Wolf, Ur- und Wildform des Hundes, diesem bis heute so nahe verwandt, dass Paarung möglich ist, muss, in einigen Exemplaren, vor einigen 10.000 Jahren, eine Mutation erfahren haben, die es ermöglichte, dass diese sich dem Feuer hütenden Menschen anschlossen.

Mag sein, dass es Jungtiere waren. Denn in der Jungendphase ihres Lebens zeigen viele höhere Säugetiere, insbesondere diejenigen, die wir im weitesten Sinn als Raubtiere bezeichnen, eine bestimmte, sehr bedeutsame Abweichung zu den vorprogrammierten Handlungsabläufen, die ihr erwachsenes Leben bestimmen: Sie spielen.

Der Vergleich Wolf/Hund ist tatsächlich aufschlussreich: Wachsen ein junger Wolf und ein junger Hund nebeneinander auf, so machen sich, bis zur Pubertät, keine Unterschiede des Verhaltens bemerkbar. Im Spiel üben sie jene Verhaltensmuster ein, deren Programm sie von der Evolution erhalten haben. Der Unterschied tritt erst mit der Geschlechtsreife zutage: Der Wolf ist fertig, er hört auf zu spielen, für den Rest seiner Tage gehorcht er seinen vorprogrammierten Verhaltensmustern, die ihn zwingen, auf bestimmte Auslösereize auf ebenso bestimmte Weise zu reagieren. Er lernt nur mehr durch Erfahrung, die auf ihn zukommt, die er aber nicht mehr sucht. Der Hund dagegen spielt lebenslänglich, jedenfalls bis zum Eintritt seines Greisenalters, das, beim Hund wie beim Menschen, häufig mit dem Ende jener geistigen Fähigkeit einhergeht, die uns nicht nur spielen, sondern auch erfinden, entdecken, neue Wege suchen und gehen ermöglicht.

Die „persistierende Neotenie", das Andauern des der Jugendphase eigenen spielerischen Verhaltens, ermöglicht uns die lebenslängliche Nutzung und Weiterentwicklung der Grundkomponente des Spiels, nämlich der Fähigkeit zur Abstraktion. Der Stock, der Ball, das Wollknäuel, jedes bewegte tote Objekt wird zur Beute. Der Krieg findet nicht auf dem Schlachtfeld statt, sondern auf dem Spielfeld. Abstraktes Denken ist die Voraussetzung jeder höheren geistigen Leistung. Innovation erfordert das Voraus-Denken kausaler Ketten, um aus der gezielten Veränderung technischer, organisatorischer, physikalischer Bedingungen neue, bislang unbekannte Phänomene zu bewirken.

Kein erwachsener Wolf wird einem ihm geworfenen Ball nachlaufen, die meisten Hunde sehr wohl. Die Domestikation hat den Hund der Intensität vieler seiner Instinkte beraubt – ihm dafür aber ein Repertoire an Alternativen eröffnet, die sein Überleben als Art noch sichern werden, wenn es den Wolf schon lange nur mehr als Schaustück oder in Reservaten geben wird.

Die lebenslängliche Jugendlichkeit des Hundes bewirkt ebenso einen Appell an unseren Brutpflegeinstinkt, wie seine Spielbereitschaft ihn zum – dem Menschen – nützlichen Weg- und Jagdgefährten befähigt.

Die Domestikation hat im Menschen in gleicher Weise und noch weit darüber hinausgehend gewirkt. Die persistierende Neotenie, die uns von allen Wildtieren unterscheidet, hat uns ermöglicht, die Welt zu erobern. Sie hat uns gleichzeitig befähigt, zumindest einen Teil unserer auf Zerstörung gerichteten Instinkte durch Handlungskonzepte zu ersetzen, die wir als Moral und Ethik bezeichnen – und die insgesamt unserer Erhaltung als Art zumindest dienen könnten. So ist die Domestikation die Voraussetzung der Fähigkeit und des Bedürfnisses, diese unsere Welt zu verändern, zum Besseren, wie wir meinen, im Großen und im Kleinen, und die Grenzen unserer Möglichkeiten zu erforschen.

Aber dieser Drang stößt, jedenfalls in unserer arbeitsteiligen Zivilisation, an Grenzen, und zwar für jenen großen, größten Teil aller Menschen, die ihren Unterhalt in einem Routineberuf, sei es in einer Werkstätte, einer Fabrik oder an einem Schreibtisch nachzugehen gezwungen sind, in dem eigenes, innovatives, explorierendes Handeln nicht nur unerwünscht, sondern sogar verboten oder ausgeschlossen ist. Man sollte die Konsequenzen des daraus entstehenden psychischen Staus nicht unterschätzen. Es handelt sich um jene Kraft, die Amundsen auf den Nordpol trieb und Hannibal die Alpen überqueren ließ, die die Kathedralen, die großen Brücken und Eisenbahnen schuf und dem Menschen Flügel verlieh. Aber auch die Werke der Kunst, durch die der Mensch darzustellen sucht, was sein Verstand nicht zu erreichen vermag, unser Drang, zu erkennen, was hinter dem Schleier der Maja auf uns wartet, wird aus dieser Kraft gespeist. Sicher, es sind nur einzelne Individuen, in denen diese Kraft kulminiert. Doch es ist ein kollektives Erbe der Spezies.

Der Ernst des Lebens, den Erwachsene gelegentlich Jugendlichen androhen, bedeutet ja nichts anderes, als dass diese demnächst ihrem schweifenden Spiel- und Explorationstrieb würden entsagen müssen – handelte es sich dabei nicht um einen sehr starken, angeborenen Trieb, dann wäre der Zwang, ihn unterdrücken zu müssen, wohl keine Strafe.

Dieser permanente, „persistierende" Wunsch, die Welt zu verbessern, ist ebenso die Triebfeder aller Revolutionen und gesellschaftlichen Umwälzungen, wie auch das Grundmuster dessen, was wir politisches Bewusstsein des Einzelnen nennen. Und hier berührt sich unsere Abstraktions- und Innovationsfähigkeit, unser Drang nach Exploration und Fortschritt mit einem weiteren Erbgut der Evolution.

In dem weiten Feld der Erkenntnisse, zu denen diese Überlegungen führen könnten, beantwortet sich ein großer Teil dessen, was der Mensch als sein Wesen bezeichnet und dessen Hervorbringungen insgesamt wohl als Fortschritt erlebt. In diesem Sinne sind wir Geschöpfe der Evolution.

30

Von Smart Citys zu humanen Städten

Sogenannte **Smart Citys** sind ein Schwerpunkt von Forschung und Entwicklung. Die Idee dahinter ist, dass **erhöhte Effizienz** und **fortschrittliche Technologien** die Lebensqualität der Bewohner steigern sollen. Infolge der Bestrebungen globaler Konzerne, ihre Produkte zu vermarkten, waren die ersten Entwürfe des Smart-City-Konzeptes noch stark von technologischen Innovationen und technischer Machbarkeit geprägt. Erst später wurden die Städte selbst zu Entscheidungsträgern, die richtungsgebende Visionen hinsichtlich der künftigen technologischen Anforderungen des urbanen Daseins formulierten. Der Fokus verschob sich auf technische Lösungen zur **Verbesserung der Lebensqualität**. Mittlerweile liegt er auf Energieeffizienz, Informationsmanagement und nachhaltiger

Verkehrsentwicklung. Durch ihre zunehmende Technisierung kann die Infrastruktur neue Herausforderungen angehen, die das Leben der Stadtbewohner wie auch das von Touristen vereinfachen. Im Zentrum aktueller Entwicklungen stehen Informationsbereitstellung und Mobilität.

Die aktive **Einbeziehung der Bürger** in Entwicklungs- und Innovationsprozesse von Smart Citys steckt noch in den Kinderschuhen, findet jedoch gelegentlich schon statt. So wird ein Projekt der Wien Energie GmbH zur erneuerbaren Energie in Partnerschaft mit Bürgern als Investoren durchgeführt. Vancouver hat 30.000 Bürger in die Ausarbeitung des Aktionsplans Greenest City 2020 eingebunden.

Die Stärke dieser neuesten Entwicklung liegt darin, dass durch die aktive Rolle der Bürger die menschlichen Verhaltenstendenzen und Bedürfnisse von Anfang an besser angesprochen werden können. Die kolumbianische Metropole Medellín fand unter Einbeziehung von Bewohnern aus Problembezirken zu innovativen Lösungen wie neuen Transportmitteln sowie technologiebasierten Schulen und Bibliotheken. Themen wie Gleichberechtigung und soziale Inklusion werden zunehmend zu Anliegen der Smart Citys: Ideen aus dem Betroffenenkreis führen zur Entwicklung von Technologien, die beispielsweise das regionale Teilen von Ressourcen ermöglichen. Lokale Gemeinschaften zum Austausch von Fertigkeiten, Werkzeugen oder auch Fahrrädern bedienen sich sozialer Netzwerke, um ihre Aktivitäten zu koordinieren. Die dadurch erreichte effizientere Nutzung der Ressourcen trägt zur Steigerung der Lebensqualität aller Bürger bei.

Während also ökonomische, verkehrs- und energiebezogene Überlegungen für die Weiterentwicklung der Städte vonnöten sind, sollte das Augenmerk auf den **menschlichen Bedürfnissen** liegen – nicht zuletzt auch, weil nur die Einbeziehung der Verhaltenstendenzen und Vorlieben des Menschen die Nutzbarkeit von Technologien gewährleistet und dadurch auch ihre Akzeptanz steigern kann.

Epilog: Urban Human – eine menschengerechte Zukunft

Die Geschichte urbanen Zusammenlebens ist von ökonomischen Zwängen geprägt. Die entscheidenden Faktoren beim Prozess der Urbanisierung, vom Entstehen permanenter Siedlungen bis hin zur Entwicklung von Megacitys waren stets die damit einhergehenden wirtschaftlichen Vorteile. Ursprünglich entstanden Siedlungen an verkehrsgünstigen Stellen, also dort, wo Transportwege zusammentrafen. Auch in modernen Städten wird die Stadtplanung oft durch verkehrstechnische Überlegungen bestimmt.

Dies hatte zur Folge, dass Entscheidungsträger, die Stadtentwicklungsmaßnahmen auf den Weg brachten, dabei so gut wie nie das menschliche Wohlbefinden im Auge hatten. Über weite Strecken ist das immer noch so. Die Bedürfnisse der Menschen zu berücksichtigen gilt leider allzu oft als Luxus, auf den man verzichten kann. In gewisser Weise stimmt das auch: Die ökonomischen

Zwänge sind so stark, dass sich für viele Menschen keine Alternativen zum Stadtleben bieten. Ungeachtet der Lebensbedingungen, die wir in Städten vorfinden, schreitet der Urbanisierungsprozess voran. Dessen Auswüchse sind wohl nirgends so greifbar wie in den Slums der Millionenstädte, wo die Lebensbedingungen alles andere als menschenwürdig sind und dennoch Zuwanderung erfolgt.

In diesem Licht wirken urbane Lebensumwelten, die der menschlichen Natur entgegenkommen, wie eine unerreichbare Utopie. In Hinblick auf das weltweite Bevölkerungswachstum und den Klimawandel scheint die humane Stadt endgültig nicht mehr im Bereich des Machbaren zu liegen. Müssen wir tatsächlich akzeptieren, dass ein Großteil der Menschen unter menschenunwürdigen Bedingungen lebt? Ist das Leben in humanen Umgebungen einer kleinen Elite vorbehalten, die es sich leisten kann? In diesem Buch habe ich versucht aufzuzeigen, dass lebenswertere Stadtumwelten nicht zwangsläufig teuer und deshalb für viele Menschen unerschwinglich sind. Die Gestaltung solcher menschengerechten Umwelten erfordert aber, dass wir die Notwendigkeit entsprechender Überlegungen grundsätzlich anerkennen.

Der Frage, ob wir menschliche Bedürfnisse bei unseren Planungsentscheidungen berücksichtigen, wird vor allem deshalb zu wenig Beachtung geschenkt, weil das allgemeine Bewusstsein dafür fehlt, dass es sich hierbei nicht um ein rein humanistisches Ziel handelt, sondern zugleich auch durchaus positive ökonomische Effekte zu erwarten sind.

Wenn wir also die Menschen und ihre Bedürfnisse und Verhaltenstendenzen in den Fokus rücken, gewinnen wir

Epilog: Urban Human – eine menschengerechte Zukunft

auf allen Ebenen. Manche Effekte sind direkt und unmittelbar zu beobachten, andere machen sich erst auf lange Sicht bemerkbar. Verbesserte Lebensbedingungen und dadurch erhöhte Lebenszufriedenheit mag für Entscheidungsträger irrelevant klingen, doch die damit verbundenen indirekten Vorteile sind zahlreich und umfassend: Die positiven Auswirkungen auf die Gesundheit entlasten das Sozialsystem, die prosozialen Effekte wirken Vandalismus und Kriminalität entgegen, wodurch Instandhaltungskosten sinken. Umgebungen, die menschliche Verhaltenstendenzen berücksichtigen, funktionieren reibungsloser, weil es zu weniger Verzögerungen und Betriebsstörungen kommt, und sie sind insgesamt nachhaltiger. Nicht zuletzt sind glückliche Menschen auch leistungsbereiter und -fähiger, was sich in gesteigerter Produktivität bei der Arbeit niederschlägt.

Selbst wenn man also der Meinung ist, eine Steigerung der Lebenszufriedenheit rechtfertige es nicht, die Gestaltung von urbanen Elementen an die Menschen anzupassen, gibt es zahlreiche Argumente, die diese Strategie empfehlenswert machen. Demnach könnte man sagen: Die Vernachlässigung des Faktors „Mensch" ist eine ökonomisch ungünstige Strategie.

Eine perfekte Stadtumwelt, die für ihre Bewohner optimiert ist, mag eine Utopie sein; eine Annäherung an dieses Ideal ist jedoch durchaus umsetzbar. Viele Maßnahmen, die urbane Umwelten für Menschen lebenswerter machen, sind weder teuer noch kompliziert in der Umsetzung. Wir müssen sie nur in Angriff nehmen.

Das neue Leitmotiv für die Stadt der Zukunft sollte also lauten, humane Lebensbedingungen ins Zentrum unserer Aufmerksamkeit zu rücken. Ökonomische Funktionalität ist ein Nebenprodukt eines solchen menschengerechten Umfeldes.

Durch den gezielten Einsatz naturnaher Elemente wie Pflanzen und Wasser lässt sich die Attraktivität steigern und durch strukturelle Gliederung die territoriale Struktur unterstützen. Die Kombination dieser Ansätze hat weitreichende gesundheitliche und soziale Auswirkungen, die zu erhöhter Sicherheit und weniger Verfallserscheinungen führen. Beides steigert nicht nur den Lebenswert einer Stadt, sondern ist auch mit geringeren Erhaltungskosten verbunden. Mit anderen Worten: Eine Investition in lebenswertere Städte rechnet sich langfristig. Dass eine Umsetzung dieser Ideen möglich ist und dies auch nicht notwendigerweise höhere Kosten verursacht, zeigen die Arbeiten einiger Architekten.

Technologische Möglichkeiten und Einschränkungen sollten in der Stadtentwicklung nicht bestimmend sein. Nur weil etwas möglich ist, ist es nicht automatisch empfehlenswert. Die technologische Entwicklung in Richtung Smart Cities berücksichtigt menschliche Verhaltenstendenzen und Bedürfnisse nicht immer in dem Maße, wie es erforderlich wäre, um eine nachhaltige Funktionalität dieser Innovationen sicherzustellen.

Entscheidungen zum Design stehen im Spannungsfeld zwischen Individualisierung und Personalisierung einerseits und andererseits einer Gestaltung, die möglichst die Bedürfnisse aller einschließt. Anleitung und Inspiration für Letzteres finden wir, wenn wir uns mit den Rahmenbedingungen unserer Evolutionsgeschichte auseinandersetzen. Unsere biologisch fundierten Wahrnehmungs-, Denk- und Verhaltenseigenschaften offenbaren die gemeinsame Basis, die uns alle vereint.

Epilog: Urban Human – eine menschengerechte Zukunft

Der Blick in unsere evolutionäre Vergangenheit bietet somit die Grundlage für ein menschengerechteres Leben in den Städten der Zukunft. Auf den weltweiten Gemeinsamkeiten, die wir dabei entdecken, lassen sich diese Städte stabil verankern. Und was auf festem Boden steht, verspricht auch nachhaltig zu funktionieren.

Literatur

Jacobs J (1961) The death and life of great American cities. Random House, New York. Deutsche Ausgabe: (1966) Tod und Leben großer amerikanischer Städte. Bauwelt Fundamente, Bd. 4. Gärtner E (Übers). Ullstein, Berlin

Newman O (1972) Defensible space: crime prevention through urban design. Macmillan, New York

Trivers RL (1971) The evolution of reciprocal altruism. Q Rev Biol 46:35–57

Windhager S, Slice DE, Schaefer K, Oberzaucher E, Thorstensen T, Grammer K (2008) Face to face: the perception of automotive designs. Hum Nat 19(4):331–346

Weiterführende Literatur

Alexander RD (1961) Aggressiveness, territoriality, and sexual behavior in field crickets. Behaviour 17:130–223

Altman I (1975) The environment and social behavior: privacy, personal space, territory, crowding. Brooks/Cole, Monterey

Appleton J (1984) Prospects and refuges re-visited. Landsc J 3(2):91–103

Appleton J (1996) The experience of landscape, überarb. Aufl. Wiley, Hoboken

Appleyard D (1979) The environment as a social symbol: within a theory of environmental action and perception. J Am Plann Assoc 45(2):143–153

Aranguren M, Tonnelat S (2014) Emotional transactions in the Paris subway: combining naturalistic videotaping, objective facial coding and sequential analysis in the study of nonverbal emotional behavior. J Nonverbal Behav 38(4):495–521

Austin WT, Bates FL (1974) Ethological indicators of dominance and territory in a human captive population. Soc Forces 52(4):447–455

Balling JD, Falk JH (1982) Development of visual preference for natural environments. Environ Behav 14:5–28

Barker RG (1968) Ecological psychology: concepts and methods for studying the environment of human behavior. Stanford University Press, Stanford

Barkow JH, Cosmides L, Tooby J (1992) The adapted mind: evolutionary psychology and the generation of culture. Oxford University Press, New York

Baumrind D (1993) The average expectable environment is not good enough: a response to Scarr. Child Dev 64(5):1299–1317

Beauchamp G (2003) Group-size effects on vigilance: a search for mechanisms. Behav Process 63(3):111–121

Becker FD (1973) Study of spatial markers. J Pers Soc Psychol 26(3):439–445

Becker FD, Mayo C (1971) Delineating personal distance and territoriality. Environ Behav 3:375–381

Bell PA, Greene TC, Fisher JD, Baum A (1996) Environmental psychology, 4. Aufl. Harcourt, Fort Worth

Berg AE van den, Koole SL, Wulp NY van der (2003) Environmental preference and restoration: (how) are they related? J Environ Psychol 23(2):135–146

Berg AE van den, Hartig T, Staats H (2007) Preference for nature in urbanized societies: stress, restoration, and the pursuit of sustainability. J Soc Issues 63(1):79–96

Berlyne DE (1971) Aesthetics and psychobiology. Appelton-Century-Crofts, New York

Berman MG, Jonides J, Kaplan S (2008) The cognitive benefits of interacting with nature. Psychol Sci 19:1207–1212

Boyd R, Richerson PJ (1982) Cultural transmission and the evolution of cooperative behavior. Hum Ecol 10(3):325–351

Bringslimark T, Hartig T, Patil GG (2007) Psychological benefits of indoor plants in workplaces: putting experimental results into context. HortScience 42(3):581–587

Bringslimark T, Hartig T, Patil GG (2009) The psychological benefits of indoor plants: a critical review of the experimental literature. J of Environ Psychol 29(4):422–433

Brown BB, Werner CM (1985) Social cohesiveness, territoriality, and holiday decorations: the influence of cul-de-sacs. Environ Behav 17(5):539–565

Bruce V, Green PR, Georgeson MA (1996) Visual perception: physiology, psychology and ecology, 3. Aufl. Psychology Press, Hove

Calhoun JB (1962) Population density and social pathology. Sci Am 206(2):139–148

Carr S, Francis M, Rivlin LG, Stone AM (1992) Public space. Cambridge series in Environment and Behavior. Cambridge University Press, Cambridge

Chang CY, Chen PK (2005) Human response to window views and indoor plants in the workplace. HortScience 40(5):1354–1359

Chao LL, Haxby JV, Martin A (1999) Attribute-based neural substrates in temporal cortex for perceiving and knowing about objects. Nat Neurosci 2(10):913–919

Charnov EL, Krebs JR (1975) The evolution of alarm calls: altruism or manipulation? Am Nat 109:107–112

Cohen A, Cohen E (1979) Designing and space planning for libraries: a behavioral guide. Bowker, New York

Cohen S, Spacapan S (1978) The aftereffects of stress: an attentional interpretation. Environ Psychol and Nonverbal Behav 3(1):43–57

Conklin E (1978) Interior landscaping. J Arboric 4:73–79

Coss RG (1968) The ethological command in art. Leonardo 1(3):273–287

Coss RG (2003) The role of evolved perceptual biases in art and design. In: Voland E, Grammer K (Hrsg) Evolutionary aesthetics. Springer, Berlin, S 69–130

Darlington AB, Dat JF, Dixon MA (2001) The biofiltration of indoor air: air flux and temperature influences the removal of toluene, ethylbenzene, and xylene. Environ Sci Technol 35(1):240–246

Darwin CR (1859) On the origin of species by means of natural selection, or the preservation of favoured races in the struggle for life. Murray, London

Darwin CR (1862) On the two forms, or dimorphic condition, in the species of Primula, and on their remarkable sexual relations. J Proc Linnean Soc of London (Bot) 6:77–96

Dawkins R (2006) The selfish gene, 30th anniversary edition. Oxford University Press, Oxford. Deutsche Ausgabe (2007)

Das egoistische Gen, Jubiläumsausgabe. De Sousa Ferreira K (Übers). Elsevier, München

Dawkins R, Krebs JR (1979) Arms races between and within species. Proc Roy Soc B 205(1161):489–511

Diers J (2004) Neighbor power: building community the Seattle way. University of Washington Press, Washington

Dijkstra K, Pieterse ME, Pruyn A (2008) Stress-reducing effects of indoor plants in the built healthcare environment: the mediating role of perceived attractiveness. Prev Med 47(3):279–283

Dravigne A, Waliczek TM, Lineberger RD, Zajicek JM (2008) The effect of live plants and window views of green spaces on employee perceptions of job satisfaction. HortScience 43(1):183–187

Easterbrook JA (1959) The effect of emotion on cue utilization and the organization of behavior. Psychol Rev 66(3):183–201

Edney JJ, Jordan-Edney NL (1974) Territorial spacing on a beach. Sociometry 37(1):92–104

Eibl-Eibesfeldt I (1984) Die Biologie des menschlichen Verhaltens. Piper, München

Ensberger MA (2014) Danke fürs Blumengießen. Die Auswirkungen eines Guerilla Gartens auf das prosoziale Verhalten. Masterarbeit an der Fakultät für Lebenswissenschaften der Universität Wien

Evans GW, Cohen S (1987) Environmental stress. In: Stokols D, Altman I (Hrsg) Handbook of environmental psychology, Bd 1. Wiley, New York, S 571–610

Evans GW, Wener RE (2007) Crowding and personal space invasion on the train: please don't make me sit in the middle. J Environ Psychol 27:90–94

Falk D (1994) Braindance oder Warum Schimpansen nicht steppen können. Die Evolution des menschlichen Gehirns. Bosch G (Übers). Birkhäuser, Berlin

Falk JH, Balling JD (2010) Evolutionary influence on human landscape preference. Environ Behav 42(4):479–493

Felipe NJ, Sommer R (1966) Invasions of personal space. Soc Probl 14(2):206–214

Fisher BS, Nasar JL (1992) Fear of crime in relation to three exterior site features: prospect, refuge, and escape. Environ Behav 24(1):35–65

Fisher RA (1930) The genetical theory of natural selection. Clarendon Press, Oxford

Fried ML, DeFazio VJ (1974) Territoriality and boundary conflicts in the subway. Psychiatry, Journal for the Study of Interpersonal Processes 37(1):47–59

Frohnwieser A, Hopf R, Oberzaucher E (2013) Human walking behavior – the effect of pedestrian flow and personal space invasions on walking speed and direction. Hum Ethol Bull 28(3):20–28

Fuller RA, Irvine KN, Devine-Wright P, Warren PH, Gaston KJ (2007) Psychological benefits of greenspace increase with biodiversity. Biol Lett 3(4):390–394

Gal CA, Benedict JO, Supinski DM (1986) Territoriality and the use of library study tables. Percept Mot Skills 63:567–574

Glaeser EL, Gottlieb JD (2009) The wealth of cities: agglomeration economies and spatial equilibrium in the United States. J Econ Lit 47(4):983–1028

Goffman E (1963) Behavior in public places: notes on the social organization of gatherings. Free Press, New York

Goodall J (1986) The chimpanzees of Gombe: patterns of behavior. Belknap, Cambridge

Gordon HS (1954) The economic theory of a common-property resource: the fishery. J Polit Econ 62:124–142

Gosling S (2008) Snoop: what your stuff says about you. Basic Books, New York

Grahn P, Stigsdotter UA (2003) Landscape planning and stress. Urban For Urban Green 2(1):1–18

Grinde B, Patil GG (2009) Biophilia: does visual contact with nature impact on health and well-being? Int J Environ Res Public Health 6(9):2332–2343

Guthrie SE (1993) Faces in the clouds: a new theory of religion. Oxford University Press, New York

Hall ET (1966) The hidden dimension: an anthropologist examines man's use of space in public and in private. Doubleday, Garden City

Hamilton WD (1964a) The genetical evolution of social behaviour, I. J Theor Biol 7:1–16

Hamilton WD (1964b) The genetical evolution of social behaviour, II. J Theor Biol 7:17–52

Hamilton WD, Axelrod R, Tanese R (1990) Sexual reproduction as an adaptation to resist parasites (a review). Proc Nat Acad Sci USA 87:3566–3573

Han KT (2003) A reliable and valid self-rating measure of the restorative quality of natural environments. Landsc Urban Plan 64(4):209–232

Hardin G (1968) The tragedy of the commons. Science 162:1243–1248

Hartig T (1993) Nature experience in transactional perspective. Landsc Urban Plan 25(1–2):17–36

Hartig T, Staats H (2006) The need for psychological restoration as a determinant of environmental preferences. J Environ Psychol 26(3):215–226

Hartig T, Mang M, Evans GW (1991) Restorative effects of natural environment experiences. Environ Behav 23(1):3–26

Hartig T, Böök A, Garvill J, Olsson T, Gärling T (1996) Environmental influences on psychological restoration. Scand J Psychol 37(4):378–393

Hartig T, Korpela K, Evans GW, Gärling T (1997) A measure of restorative quality in environments. Scand Hous Planning Res 14(4):175–194

Hartig T, Evans GW, Jamner LD, Davis DS, Gärling T (2003) Tracking restoration in natural and urban field settings. J Environ Psychol 23(2):109–123

Haviland-Jones J, Rosario HH, Wilson P, McGuire TR (2005) An environmental approach to positive emotion: flowers. Evol Psychol 3:104–132

Hayduk LA (1978) Personal space: an evaluative and orienting overview. Psychol Bull 85(1):117–134

Heerwagen JH, Orians GH (1993) Humans, habitats, and aesthetics. In: Kellert SR, Wilson EO (Hrsg) The biophilia hypothesis. Island Press, Washington, S 138–172

Herzog TR, Black AM, Fountaine KA, Knotts DJ (1997) Reflection and attentional recovery as distinctive benefits of restorative environments. J Environ Psychol 17(2):165–170

Herzog TR, Maguire CP, Nebel MB (2003) Assessing the restorative components of environments. J Environ Psychol 23(2):159–170

Hirtle SC, Jonides J (1985) Evidence of hierarchies in cognitive maps. Mem Cogn 13:208–217

Howard HE (1920) Territory in bird life. Dutton, New York

Hufnagl V (1985) Wohnen in Wiener Höfen. In:Stadt Wien (Hrsg) Wiener Wohnbau Wirklichkeiten (Ausstellungskatalog). Compress, Wien

Jacob F (1977) Evolution and tinkering. Sci 196:1161–1166

Jokela J, Dybdahl MF, Lively CM (2009) The maintenance of sex, clonal dynamics, and host-parasite coevolution in a mixed population of sexual and asexual snails. Am Nat 174(s1):43–53. doi:10.1086/599080

Kaplan R (1973) Some psychological benefits of gardening. Environ Behav 5(2):145–162

Kaplan R (1983) The role of nature in the urban context. In: Altman I, Wohlwill JF (Hrsg) Behavior and the natural environment. Plenum Press, New York, S 127–161

Kaplan R (2001) The nature of the view from home: psychological benefits. Environ Behav 33(4):507–542

Kaplan R, Kaplan S (1989) The experience of nature: a psychological perspective. Cambridge University Press, New York

Kaplan S (1995a) Environmental preference in a knowledge-seeking, knowledge-using organism. In: Barkow JH, Cosmides L, Tooby J (Hrsg) The adapted mind: evolutionary psychology and the generation of culture, 2. Aufl. Oxford University Press, New York, S 581–598

Kaplan S (1995b) The restorative benefits of nature: toward an integrative framework. J Environ Psychol 15(3):169–182

Kaplan S (2001) Meditation, restoration, and the management of mental fatigue. Environ Behav 33(4):480–506

Kaplan S, Kaplan R, Wendt JS (1972) Rated preference and complexity for natural and urban visual material. Percept Psychophys 12(4):354–356

Kaplan S, Talbot JF (1983) Psychological benefits of a wilderness experience. In: Altman I, Wohlwill JF (Hrsg) Behavior and the natural environment. Plenum Press, New York, S 163–203

Kawashima R, Hatano G, Oizumi K, Sugiura M, Fukuda H, Itoh K, Kato T, Nakamura A, Hatano K, Kojima S (2001) Different neural systems for recognizing plants, animals, and artifacts. Brain Res Bull 54(3):313–317

Kellert SR (1993) The biological basis for human values of nature. In: Kellert SR, Wilson EO (Hrsg) The biophilia hypothesis. Island Press, Washington, S 42–69

Kellert SR, Wilson EO (Hrsg) (1993) The biophilia hypothesis. Island Press, Washington

Kelling G, Wilson JQ (1982) Broken windows: the police and neighborhood safety. Atlantic Mon 249:29–38

Kidner DW (2001) Nature and psyche: radical environmentalism and the politics of subjectivity. SUNY Press, Albany

King GE (1976) Society and territory in human evolution. J Hum Evol 5(4):323–331

Knopf RC (1987) Human behavior, cognition and affect in the natural environment. In: Stokols D, Altman I (Hrsg) Handbook of environmental psychology, Bd 1. Wiley, New York, S 783–825

Korpela KM, Klemettilä T, Hietanen JK (2002) Evidence for rapid affective evaluation of environmental scenes. Environ Behav 34(5):634–650

Kraas F (2007) Megacities and global change: key priorities. Geog J 173(1):79–82

Krebs JR, Davies NB (1996) Einführung in die Verhaltensökologie, 3. Aufl. Blackwell Wissenschafts-Verlag, Berlin

Kuo FE, Bacaicoa M, Sullivan WC (1998) Transforming innercity landscapes: trees, sense of safety, and preference. Environ Behav 30(1):28–59

Kwallek N, Lewis CM (1990) Effects of environmental colour on males and females: a red or white or green office. Appl Ergon 21:275–278

Kwallek N, Lewis CM, Robbins AS (1988) Effects of office interior color on workers' mood and productivity. Percept Mot Skills 66(1):123–128

Laumann K, Gärling T, Stormark KM (2003) Selective attention and heart rate responses to natural and urban environments. J Environ Psychol 23(2):125–134

Leibman M (1970) The effects of sex and race norms on personal space. Environ Behav 2(2):208–246

Lester D (1969) Explorations in exploration: stimulation seeking. Van Nostrand Reinhold, New York

Lohr VI, Pearson-Mims CH (1996) Particulate matter accumulation on horizontal surfaces in interiors: influence of foliage plants. Atmos Environ 30(14):2565–2568

Lohr VI, Pearson-Mims CH (2002) Childhood contact with nature influences adult attitudes and actions towards trees and gardening. In: Shoemaker CA (Hrsg) Interaction by design: bringing people and plants together for health and well-being: an international symposium. Iowa State Press, Ames

Lohr VI, Pearson-Mims CH, Tarnai J, Dillman DA (2004) How urban residents rate and rank the benefits and problems associated with trees in cities. J Arboric 30(1):28–35

Louv R (2008) Last child in the woods: saving our children from nature-deficit disorder, 2., erw. Aufl. Algonquin Books, Chapel Hill. Deutsche Ausgabe: (2011) Das letzte Kind im Wald? Geben wir unseren Kindern die Natur zurück! 2. Aufl. Nohl A (Übers). Beltz, Weinheim

Low SM, Chambers E (Hrsg) (1989) Housing, culture, and design. A comparative perspective. University of Pennsylvania Press, Philadelphia

Lyman SM, Scott MB (1967) Territoriality: a neglected sociological dimension. Soc Probl 15:236–248

Maas J, Dillen SME van, Verheij RA, Groenewegen PP (2009) Social contacts as a possible mechanism behind the relation between green space and health. Health & Place 15:586–595

Mann M (2010) Phytophilie: Evolutionär bedingte Auswirkungen von natürlichen und künstlichen Grünpflanzen am Arbeitsplatz auf die menschliche kognitive Leistung, Stimmung, Raumwahrnehmung und das Stresshormon Cortisol. Diplomarbeit an der Naturwissenschaftlichen Fakultät der Universität Wien

Matthews MH (1987) Gender, home range and environmental cognition. Trans Inst Brit Geogr, New Series 12:43–56

Maynard SJ (1976) Evolution and the theory of games. Am Sci 64:41–45

Muchow M, Muchow HH (1935) Der Lebensraum des Großstadtkindes. Riegel, Hamburg

Oberzaucher E (2000) Phytophilie: Die Erhöhung der Gründichte am Arbeitsplatz als Instrument zur Steigerung von kognitiven Leistungen. Diplomarbeit an der Naturwissenschaftlichen Fakultät der Universität Wien

Oberzaucher E, Grammer K (2000) Phytophilie – Pflanzen steigern die Effizienz von kognitiven Vorgängen. Homo 51(Suppl):94

Orians GH, Heerwagen JH (1995) Evolved responses to landscapes. In: Barkow JH, Cosmides L, Tooby J (Hrsg) The adapted mind: evolutionary psychology and the generation of culture, 2. Aufl. Oxford University Press, New York, S 555–579

Park SH, Mattson RH (2009) Therapeutic influences of plants in hospital rooms on surgical recovery. HortScience 44(1):102–105

Park SH, Mattson RH, Kim E (2004) Pain tolerance effects of ornamental plants in a simulated hospital patient room. In: Relf D (Hrsg) Expanding roles for horticulture in improving human well-being and life quality. ISHS, Leuven, S 241–247

Parsons R, Tassinary LG, Ulrich RS, Hebl MR, Grossman-Alexander M (1998) The view from the road: implications for stress recovery and immunization. J Environ Psychol 18(2):113–139

Pearson-Mims CH, Lohr VI (2000) Reported impacts of interior plantscaping in office environments in the United States. HortTechnology 10(1):82–86

Pfeiffer BB (2004) Wright. Taschen, Köln

Purcell T, Peron E, Berto R (2001) Why do preferences differ between scene types? Environ and Behav 33(1):93–106

Rapoport A (1982) The meaning of the built environment: a nonverbal communication approach. Sage, Beverly Hills

Reiss AJ, Tonry M (Hrsg) (1986) Communities and crime. University of Chicago Press, Chicago

Saegert S (1973) Crowding: behavioral constraints and cognitive overload. In: Preiser WFE (Hrsg) Environmental design research, proceedings of the Fourth International EDRA conference, Bd 2. Dowden, Hutchinson and Ross, Stroudsburg, S 254–260

Schäfer K (1997) Das sozialintegrative Potenzial von Stadtplätzen – eine humanethologische Feldstudie. Dissertation, der Naturwissenschaftlichen Fakultät der Universität Wien

Shaffer DR, Sadowski C (1975) This table is mine: respect for marked barroom tables as a function of gender of spatial marker and desirability of locale. Sociometry 38(3):408–419

Schrenk F (2003) Die Frühzeit des Menschen. Der Weg zum Homo sapiens, 4. Aufl. Beck, München

Sheets VL, Manzer CD (1991) Affect, cognition, and urban vegetation: some effects of adding trees along city streets. Environ Behav 23(3):285–304

Shibata S, Suzuki N (2001) Effects of indoor foliage plants on subjects' recovery from mental fatigue. North American J Psychol 3(3):385–395

Shibata S, Suzuki N (2002) Effects of the foliage plant on task performance and mood. J Environ Psychol 22(3):265–272

Shibata S, Suzuki N (2004) Effects of an indoor plant on creative task performance and mood. Scand J Psychol 45(5):373–381

Sitte C (1909/2009) Großstadtgrün. Der Städtebau nach seinen künstlerischen Grundsätzen, vermehrt um Großstadtgrün, 3., unveränd. Nachdruck der, 4. Aufl. Birkhäuser, Berlin, S 187–211

Sommer R (1965) Further studies of small group ecology. Sociometry 28(4):337–348

Sommer R (2002) Personal space in a digital age. In: Bechtel RB, Churchman A (Hrsg) Handbook of environmental psychology. Wiley, New York, S 647–660

Sommer R, Becker F (1969) Territorial defense and the good neighbor. J Pers Soc Psychol 11(2):85–92

Staats H, Kieviet A, Hartig T (2003) Where to recover from attentional fatigue: an expectancy-value analysis of environmental preference. J Environ Psychol 23(2):147–157

Stainbrook E (1968) Human needs and the natural environment. In: Man and nature in the city, a symposium. U. S. Bureau of Sport Fisheries and Wildlife, S 1–9

Stephan P, Jäschke JPM, Oberzaucher E, Grammer K (2014) Sex differences and similarities in urban home ranges and in the accuracy of cognitive maps. Evol Psychol 12(4):814–826

Stone NJ (2003) Environmental view and color for a simulated telemarketing task. J Environ Psychol 23(1):63–78

Stone NJ, English AJ (1998) Task type, posters, and workspace color on mood, satisfaction, and performance. J Environ Psychol 18(2):175–185

Stringer CB (1989) Documenting the origin of modern humans. In: Trinkaus E (Hrsg) The emergence of modern humans: biocultural adaptations in the later Pleistocene. Cambridge University Press, Cambridge, S 67–96

Sundstrom E, Altman I (1974) Field study of territorial behavior and dominance. J Pers Soc Psychol 30(1):115–124

Sundstrom E, Altman I (1976) Interpersonal relationships and personal space: research review and theoretical model. Hum Ecol 4(1):47–67

Suttles GD (1968) The social order of the slum: ethnicity and territory in the inner city. The University of Chicago Press, Chicago

Taylor RB (1988) Human territorial functioning: an empirical, evolutionary perspective on individual and small group territorial cognitions, behaviors, and consequences. Cambridge University Press, Cambridge

Taylor RB, Brooks DK (1980) Temporary territories? Responses to intrusions in a public setting. Popul Environ 3(2):135–145

Tennessen CM, Cimprich B (1995) Views to nature: effects on attention. J Environ Psychol 15(1):77–85

Trivers RL (1972) Parental investment and sexual selection. In: Campbell B (Hrsg) Sexual selection and the descent of man: 1871–1971. Aldine, Chicago, S 136–179

Tuan YF (1974) Topophilia: a study of environmental perception, attitudes, and values. Prentice-Hall, Englewood Cliffs

Ulrich RS (1983) Aesthetic and affective response to natural environment. In: Altman I, Wohlwill JF (Hrsg) Behavior and the natural environment. Plenum Press, New York, S 85–125

Ulrich RS (1984) View through a window may influence recovery from surgery. Sci 224(4647):420–421

Ulrich RS (1993) Biophilia, biophobia, and natural landscapes. In: Kellert SR, Wilson EO (Hrsg) The biophilia hypothesis. Island Press, Washington, S 73–137

Ulrich RS, Simons RF, Losito BD, Fiorito E, Miles MA, Zelson M (1991) Stress recovery during exposure to natural and urban environments. J Environ Psychol 11(3):201–230

Van Valen L (1973) A new evolutionary law. Evol Theory 1:1–30

Walden R (1995) Wohnung und Wohnumgebung. In: Keul A (Hrsg) Wohlbefinden in der Stadt. Umwelt- und gesundheitspsychologische Perspektiven. Beltz, Weinheim, S 69–98

Wallace AR (1864) The origin of human races and the antiquity of man deduced from the theory of "natural selection". J Anthropol Soc London 2:158–187

Weinlinger C (2014) Ist dieser Platz noch frei? Eine Untersuchung von Minimalterritorium und Personal Space in der Wiener U-Bahn. Masterarbeit an der Fakultät für Lebenswissenschaften der Universität Wien

Weinstein N, Przybylski AK, Ryan RM (2009) Can nature make us more caring? Effects of immersion in nature on intrinsic aspirations and generosity. Pers Soc Psychol Bull 35:1315–1329

Wells M, Thelen L (2002) What does your workspace say about you? The influence of personality, status, and workspace on personalization. Environ Behav 34(3):300–321

Wells NM, Evans GW (2003) Nearby nature: a buffer of life stress among rural children. Environ Behav 35(3):311–330

White MP, Alcock I, Wheeler BW, Depledge MH (2013) Would you be happier living in a greener urban area? A fixed-effects analysis of panel data. Psychol Sci 24(6):920–928

Wilson DS (2011) The neighborhood project: using evolution to improve my city, one block at a time. Little, Brown and Company, New York

Wilson EO (1980) Sociobiology, gek. Ausg. Harvard University Press, Cambridge

Wilson EO (1984) Biophilia: the human bond with other species. Harvard University Press, Cambridge

Windhager S, Hutzler F, Carbon CC, Oberzaucher E, Schaefer K, Thorstensen T, Leder H, Grammer K (2010) Laying eyes on headlights: eye movements suggest facial features in cars. Coll Antropologicum 34(3):1075–1080

Windhager S, Bookstein FL, Grammer K, Oberzaucher E, Said H, Slice DE, Thorstensen T, Schaefer K (2012) Cars have their own faces: cross-cultural ratings of car shapes in biological (stereotypical) terms. Evol Hum Behav 33(2):109–120

Wohlwill JF (1983) The concept of nature: a psychologist's view. In: Altman I, Wohlwill JF (Hrsg) Behavior and the natural environment. Plenum Press, New York, S 5–37

Wood RA, Orwell RL, Tarran J, Torpy F, Burchett M (2002) Potted-plant/growth media interactions and capacities for removal of volatiles from indoor air. J Hortic Sci Biotech 77(1):120–129

Worchel S, Lollis M (1982) Reactions to territorial contamination as a function of culture. Pers Soc Psychol Bull 8(2):370–375

Wrangham RW (2010) Catching fire: how cooking made us human. Basic Books, New York

Zeisel J (1984) Inquiry by design: tools for environment-behavior research. Cambridge University Press, Cambridge

Sachverzeichnis

A

Abstraktion, 221
Allen, Woody, 218
Altruismus, reziproker, 21
Angepasstheit, evolutionäre, 37, 102
Anpassungsfehler, 42
Antwort, adaptive, 72
Appleton, Jay, 49, 54
Aquaphilie, 83
Architektur, 213
Aspern, 8, 175
Ästhetik, evolutionäre, 61, 65, 89
Aufmerksamkeit
  fokussierte, 77
  gerichtete, 74

Auge
  als Symbol, 98
  schematisches, 98
Auslösereiz, 219, 220
Australopithecus, 31, 33, 218
Axelrod, Robert, 21

B

Baťa, Tomáš, 213
Bedingungen, kontrollierte, 76
Begrünung, innerstädtische, 79
Behavioral-Sink-Theorie, 192
Besitzanspruch, 139

Biophilie, 69, 150, 167, 202, 209
  Hypothese, 69
Bipedie, 27, 40
Brocazentrum, 35
Broken-Windows-Effekt, 189, 204
Brüllaffe, 118
Brutpflegeinstinkt, 221

C

Coss, Richard, 88
Crowding, 192

D

Dachbegrünung, 81
Darwin, Charles, 15
Dawkins, Richard, 20
Defensible Space, 169, 190, 204
  zentrales Merkmal, 170
Denkleistung, 76
Desksharing, 148
Desurbanisierung, 3
Dominanz
  ortsabhängige, 115
  ortsgebundene, 130
Drohgebärden, 119
Dunbar, Robin, 110, 161

E

Eibl-Eibesfeldt, Irenäus, 70
Einfamilienhaus, 213
  gestapeltes, 177
Emoticon, 94
Emotionen und Entscheidungsprozesse, 66
Ensberger, Anna, 168
Erfolgsgeschichten, architektonische, 213
Erhabenheit des Menschen, 218
Escape, 53
Ethik, evolutionäre, 23
Evolution
  der Intelligenz, 29, 30, 110
  kulturelle, 37
Evolutionäre Ästhetik, 61, 65, 89
Evolutionsgeschichte, 43, 209
Evolutionstheorie, 12, 17
Exklusivität, territoriale, 172
Exogamie, patrilokale, 122

F

Fähigkeit
  kognitive räumliche, 146
  zur Abstraktion, 221

Sachverzeichnis

Faktoren
  horizontale, 130
  kulturelle, 125
  vertikale, 130
Falk, Dean, 28
Fallingwater, 215
Fehlermanagement, 92, 103
Fellpflege, soziale, 111
Feuer, Entdeckung, 34, 219
Feuermelder-Dilemma, 92
Fisher, Bonnie, 50
Fitness, inklusive, 123
Flucht, 54, 219
Flucht- oder Kampfreaktion, 134
Fluchtmöglichkeit, 57
Fossil, 25
Fraktale, 61
Freihausviertel, 156
Fromm, Erich, 69
Führerscheinprüfung, 76
Fußspuren von Laetoli, 33

G

Gang, aufrechter, 27
Gated Communities, 5
Gebäudemanagement, 178
Gebäudetechnik, 178
Gebäudeverband, 176
Gefahrensymbole, 88
Gefangenendilemma, 21
Gehirn, menschliches, 28
Gehirngröße, 110
Gehsteig, 126
Gemeindebau, 176
Gemeinschaftseinrichtung, 178
Gemeinschaftsgefühl, 154
Gentrifizierungsprozess, 4
Geometric Morphometrics, 144
Geschlechterunterschiede, 144
Gibbon, 119
Glück, Harry, 177
Gordon, H. Scott, 188
Gorilla, 120
Grätzel, 168
Greenest City 2020, 224
Greenwich Village, 156
Grenzen, territoriale, 117
Großraumbüro, ideale Ausstattung, 151
Grundansprüche an eine Landschaft, 54
Gruppenidentifikation, 154
Gruppenleben, 29
  Komplexität, 107
  Nachteile, 105
  Rollenverteilung, 103
  Selektionsvorteile, 103
Gruppenorientierung, 157
Gstättn, 79
Guerilla Gardening, 166

H

Habitat, 25
Habitatswechsel, 28
Hall, Edward T., 134
Hamilton, William D., 17
Handlungsabläufe, vorprogrammierte, 219
Hardin, Garrett, 188
Heerwagen, Judith, 72
Heim, 146
Hochparterre, 185
Home Ranges (Streifgebiete), 143
Homo
  erectus, 33, 35, 123, 218
    Gehirnvolumen, 35
    Gruppengröße, 123
  habilis, 35
  sapiens, 25, 29, 218
  urbanus, 101
Hufnagl, Viktor, 184
Hund, 220

I

Individualdistanz, 132, 134
  kultureller Hintergrund, 135
Inkongruenz, 42
Innenhof, 184
Instinktsicherheit, 219
Intelligenz, Evolution, 29
Interaktion, dyadische, 135

J

Jacobs, Jane, 169
Jäger und Sammler, 38, 123
  Hypothese, 143

K

Kardan, Omid, 73
Karten, kognitive, 144, 145, 156
Kindchenschema, 60
Klatsch und Tratsch, 112
Kleinfamilie, 123
Kognition, 60, 87
  räumliche, 143
Kohärenz, 45
Komplexität, 45
  mittlere, 72
  Reduzierung, 62, 163
  soziale, 108, 161
  Entwicklung von Städten, 124
Kooperation, 19, 21, 24
Krebs, John, 22
Kriminalität, 170
Küche als soziales Zentrum, 126
Kühlertheorie, 28
Künstlerviertel, 156
Kuo, Frances, 79

L

Landschaftspräferenz, 44, 201
Landschaftstyp,
    savannenähnlicher, 54
Lärmdämmung, 81
Lebensqualität, Verbesserung, 223
Leistungsfähigkeit, kognitive, 75, 76, 101, 113
Leopardenmuster, 88
Lifestyle-Gruppe, 155
Lorenz, Konrad, 60

M

Mandelbrotmenge, 62
Mann, Marlene, 76
Marker, territorialer, 138
Markierung, 118
    im halböffentlichen Raum, 148
    indirekte, 147
Maynard Smith, John, 21
Mehrparteienhaus, 180
Mensch
    als Spezies, 219
    Explorationstrieb, 222
    Handlungskonzepte, 221
    moderner, 53
        Verhalten in Städten, 53
    Unterschied zum Tier, 221
Menschwerdung, 218
Mikroklima, 80
Minimalterritorium, 131, 137
Miozän, 26
Mittelwert, statistischer, 55
Monopolisieren von Ressourcen, 116
Moore, Ernest O., 73
Mosaikmuster, 88
Multilokalität, 5
Multiple-Choice-Fragen, 77
Mystery, 45, 202, 217

N

Nachbarschaft, 132, 153, 203
    anomische, 159
    diffuse, 159
    funktionierende, 210
    integrale, 158
    parochiale, 158
    Repräsentation im Kopf, 156
    Schaffung von Sicherheit, 165
    transitorische, 159
Nachbarschaftsklassifikation, 157, 159
Nachverdichtung, 210
Nasar, Jack, 50
Naturelemente, 209
Neocortexverhältnis, 110
Neotenie, persistierende, 219, 220

Neugier, lebenslange, 220
Newman, Oscar, 169

O

Öffentliche Verkehrsmittel, 53
Orang-Utan, 121
Orians, Gordon, 39
Oud, J.J. P., 214

P

Paranthropus, 31
Parklandschaft
 englische, 44
 französische, 44
Peanut Park (Chicago), 125
Personal Space s. Individualdistanz, 134
Pflanzen
 als territoriale Marker, 150
 positive Wirkung auf den Menschen, 70, 74
 Sauerstoffproduktion, 80
Phytophilie, 70, 78
Plätze, öffentliche, 132
Platzwahl
 in öffentlichen Verkehrsmitteln, 53
 und Evolution, 53
Polyandrie, 108
Privatheit, 147

Privatsphäre, 55
Přívoz, 217
Promiskuität, 108
Prospect, 215
Prospect-Refuge-Escape-Theorie, 50
Prospekt-Refuge-Theorie, 49, 54
Prototypen, funktionelle, 162
Pruitt-Igoe (St. Louis), 206

R

Rapoport, Anatol, 22
Raubfeinddruck, 103
Raubtier, Instinkt, 219
Raum, öffentlicher, 187
Refuge, 215
Regenwald, 25
Regenwaldbewohner, 26
Regulation von Sozialbeziehungen, 117
Reiz, überlebensrelevanter, 66
Reizverarbeitung, 60
Ressourcenverteilung, 107, 116
Reurbanisierung, 4
Revolution, industrielle, 2
Riedl, Rupert, 134
Rollenverteilung, 123
Rote-Königin-Hypothese, 17
Rückzugsort, 55

S

Säugetier, 220
Savanne, 25, 27, 28, 42, 83, 101
Savannenhypothese, 39
Schimpanse, 122
Schlangenmuster, 88
Schutz vor Feinden, 117
Selbstähnlichkeit, 61
Selektion
  natürliche, 16
  sexuelle, 16
  soziale, 19
Selektionsvorteil, 26, 102
Sesshaftigkeit, 124
Sicherheitsgefühl, 79
Silberrücken, 121
Singularisierung, 5
Sitte, Camillo, 216
Slum, 2
Smart City, 223
Smiley, 94
Soho, 156
Sozialbeziehungen, 101, 129
  Regulation, 117
Sozialdarwinismus, 16
Spangen (Rotterdam), 214
Spiel, 220
Spieltheorie, 21
Sprache
  als "soziale Fellpflege", 112
  menschliche, 112

Stadtentwicklung
  historische, 7
  weltweite, 6
Stadtleben
  Anonymität, 161
  Strategien zur Stressbewältigung, 194
  Stressfaktoren, 191
  und Verkehr, 203
Stadtplanung, 201
  nachhaltige, 207
  und menschliche Bedürfnisse, 202
Stimuluseigenschaften, 61
Streifgebiet, 141
Stresserholungshypothese, 72
Stressreaktion, 72
Stroop-Test, 77
Studiendesign, 78
Studienergebnisse, widersprüchliche, 78
Suburbanisierung, 3
Survival of the fittest, 15
Symmetrieelement, 60
System
  monogames, 108
  polygynes, 108

T

Taliesin, 216
Taylor, Ralph B., 130

Territorialanspruch, 130
Territorialität, 115
  begrenzte, 137, 139
  exklusive, 147
  Regeln, 129
  stufenweise, 202
  und Nachbarschaft, 153
  und Sesshaftigkeit, 124
Territorialmarker, 173
Territorium
  funktionales, 125
  Größe, 116
  Kosten, 116
  Markierung, 118
Theorie der Privatheit, 193
Tischler, Bernhard, 84
Tit for Tat, 22
Tragik der Allmende, 187
Trivers, Robert, 21
Turnover-Rate, 139

U

Überblick, Schutz und Flucht, 55
Überlastungstheorie, 192
Ulrich, Roger S., 70
Umgebung der evolutionären Angepasstheit, 23, 36
Umwelt, urbanisierte, 145
Unterschied, geschlechtsspezifischer, 145
Urban Gardening, 166, 190

Urban Scaling, 3
Urstadt, 7

V

Validität, ökologische, 69
Van den Berg, Agnes, 72
Van Valen, Leigh, 17
Vandalismus, 79, 148, 170, 189
Verhaltensbiologie, 209
Verhaltensweisen, evolutionär gebildete, 54
Verkehrsmittel, öffentliche, 53
Verstädterung, 2
Verwahrlosung, 189

W

Waffen, 219
Wagner, Otto, 216
Wahrnehmung, 60
  von Gesichtern, 91
  von Mustern, 87
Walden, Rotraut, 131
Warnruf, 104
Warren, Donald, 157
Warren, Rachelle, 157
Wasser, 83
  evolutionäre Bedeutung, 83
  psychologische Wirkung, 84
Wege, öffentliche, 143

Werkzeug, 219
Werkzeuggebrauch, 34
Werkzeughypothese, 27
Wernicke-Zentrum, 35
Wien, 8
Wilson, E. O., 69
Wirkung, lärmdämmende, 81
Wohnpark Alt-Erlaa, 176
Wohnungsbau, sozialer, 205
   am Beispiel Wiens, 175
Wolf, 220
Wolf, Johannes, 77

Wrangham, Richard, 35
Wright, Frank Lloyd, 214

Z

Ziggurat, 7
Zlín, 213
Zusammenhalt, sozialer, 38
Zuschreibung von Emotionen
   und Eigenschaften, 94
Zwiebelmodell, territoriales, 131

 Springer springer.com

Willkommen zu den Springer Alerts

Jetzt anmelden!

- Unser Neuerscheinungs-Service für Sie:
  aktuell *** kostenlos *** passgenau *** flexibel

Springer veröffentlicht mehr als 5.500 wissenschaftliche Bücher jährlich in gedruckter Form. Mehr als 2.200 englischsprachige Zeitschriften und mehr als 120.000 eBooks und Referenzwerke sind auf unserer Online Plattform SpringerLink verfügbar. Seit seiner Gründung 1842 arbeitet Springer weltweit mit den hervorragendsten und anerkanntesten Wissenschaftlern zusammen, eine Partnerschaft, die auf Offenheit und gegenseitigem Vertrauen beruht.

Die SpringerAlerts sind der beste Weg, um über Neuentwicklungen im eigenen Fachgebiet auf dem Laufenden zu sein. Sie sind der/die Erste, der/die über neu erschienene Bücher informiert ist oder das Inhaltsverzeichnis des neuesten Zeitschriftenheftes erhält. Unser Service ist kostenlos, schnell und vor allem flexibel. Passen Sie die SpringerAlerts genau an Ihre Interessen und Ihren Bedarf an, um nur diejenigen Information zu erhalten, die Sie wirklich benötigen.

Mehr Infos unter: springer.com/alert

 springer-spektrum.de

Topfit für das Biologiestudium

Erstklassige Lehrbücher unter springer-spektrum.de

MIX
Papier aus verantwortungsvollen Quellen
Paper from responsible sources
FSC® C105338

If you have any concerns about our products,
you can contact us on
ProductSafety@springernature.com

In case Publisher is established outside the EU,
the EU authorized representative is:
**Springer Nature Customer Service Center GmbH
Europaplatz 3, 69115 Heidelberg, Germany**

Printed by Libri Plureos GmbH
in Hamburg, Germany